Frank Deges

Quick Guide Influencer Marketing

Wie Sie durch Multiplikatoren mehr
Reichweite und Umsatz erzielen

Frank Deges
Europäische Fachhochschule Rhein/Erft
Brühl, Deutschland

Quick Guide
ISBN 978-3-658-22162-1   ISBN 978-3-658-22163-8   (eBook)
https://doi.org/10.1007/978-3-658-22163-8

Die Deutsche Nationalbibliothek verzeichnet diese Publikation in der Deutschen Nationalbibliografie; detaillierte bibliografische Daten sind im Internet über http://dnb.d-nb.de abrufbar.

Springer Gabler
© Springer Fachmedien Wiesbaden GmbH, ein Teil von Springer Nature 2018

Springer Gabler ist ein Imprint der eingetragenen Gesellschaft Springer Fachmedien Wiesbaden GmbH und ist ein Teil von Springer Nature
Die Anschrift der Gesellschaft ist: Abraham-Lincoln-Str. 46, 65189 Wiesbaden, Germany

Vorwort

Influencer Marketing scheint derzeit das alles bestimmende Thema in der Onlinekommunikation zu sein. Denn immer stärker kristallisiert sich heraus, dass insbesondere die Vertreter der jungen Generation nicht mehr zielgruppenadäquat über klassische Werbeformate ansprechbar sind. Damit stellt sich die Frage, wie es Unternehmen gelingen kann, Werbebotschaften glaubwürdiger zu vermitteln, indem zwar das Produkt zum Kauf angepriesen wird, aber diese Botschaft über den offensichtlichen Werbecharakter hinaus auch nutzenstiftende Informationen für die Adressaten bereithält.

Auch wenn sich der Eindruck verfestigt, dass durch Influencer gestreute Empfehlungen das neue Allheilmittel gegen die Werbemüdigkeit der jungen Generation sind, so zeigt sich doch bei genauerer Betrachtung, dass Empfehlungsmarketing, oder wie wir heute sagen, Influencer Marketing, kein gänzlich neuer Ansatz ist. Wir finden in den schon vor dem Internetzeitalter veröffentlichten Standardwerken zum Konsumenten- und Käuferverhalten Erklärungsansätze für die Wirkmechanismen der persönlichen Beeinflussung durch Empfehlungen, die heute nach wie vor aktuell und gültig sind.

Ist somit das Influencer Marketing als Wiederbelebung des klassischen Empfehlungsmarketings nur „alter Wein in neuen Schläuchen"? Mitnichten. Auch wenn Empfehlungen „offline" wie „online" die gleichen kognitiven wie affektiven Informationsverarbeitungsprozesse bedienen – das Influencer Marketing entfaltet sich heute durch die intensive Nutzung der sozialen Netzwerke in einem wesentlich dynamischeren und schnelllebigeren Kontext. Nahezu jedes Unternehmen möchte natürlich am liebsten eigeninitiativ und selbstbestimmt den Dialog mit seiner Zielgruppe steuern. Doch stellen diese Unternehmen zunehmend fest, dass ihnen die Kontrolle der Interaktion entgleitet, da sich Social-Media-affine, meist sehr junge Influencer als Meinungsführer und Multiplikatoren mit „direktem Draht" zur Zielgruppe etablieren.

Deren Potenzial für die eigenen Marketingziele einzusetzen und dabei auch für den Influencer eine attraktive Form der Zusammenarbeit auszugestalten, dies ist die Herausforderung, die es zu meistern gilt. Dieser Quick Guide möchte Sie beim Aufbau eines erfolgreichen Influencer Marketings unterstützen. Was es dabei zu beachten gilt, ist ein Mix aus etablierten und empirisch fundierten Erkenntnissen des Konsumentenverhaltens in Verbindung mit den Wirkmechanismen internetbasierter Kommunikationskanäle und dem Verständnis dafür, welche Art der Orientierung eine junge und selbstbewusste Zielgruppe in sozialen Netzwerken erwartet. Dieser Mix wird Ihnen helfen, sich einem innovativen Marketingansatz zu öffnen und dabei selber dieses neue Instrument mit praktischen Handlungsempfehlungen unternehmensindividuell Schritt für Schritt auszugestalten.

Brühl
Juni 2018

Frank Deges

Inhaltsverzeichnis

1

Informationsvielfalt und Reizüberflutung im Internet

Was Sie aus diesem Kapitel mitnehmen

- Wie Konsumenten in Social Media Orientierung suchen und finden.
- Warum klassische Werbeformate bei jungen Zielgruppen an Bedeutung verlieren.
- Welche Prinzipien das menschliche Verhalten beeinflussen.
- Warum Empfehlungen in Social Media das Informations- und Kaufverhalten junger Zielgruppen prägen.

Kaufentscheidungen werden durch Kundenmeinungen in Bewertungsportalen und Empfehlungen in sozialen Netzwerken beeinflusst. Empfehlungen finden Ratsuchende bei Personen, die mit ihren Blogs und Social-Media-Accounts eine hohe Reichweite erzielen und von ihren Followern als glaubwürdige und authentische Informationsquelle angesehen werden. Diese als Influencer (Beeinflusser) bezeichneten Personen prägen mit ihrer Expertise für ein bestimmtes Thema die Wahrnehmung der Konsumenten und damit auch deren Kaufverhalten, indem sie Produkte bewerten und Empfehlungen aussprechen. Influencer sind in den Fokus der Aufmerksamkeit von Marketingentscheidern gerückt. Daher

© Springer Fachmedien Wiesbaden GmbH, ein Teil von Springer Nature 2018
F. Deges, *Quick Guide Influencer Marketing,* Quick Guide,
https://doi.org/10.1007/978-3-658-22163-8_1

ist es naheliegend, dass sich immer mehr Unternehmen fragen, wie sie mit Influencern zusammenarbeiten können, um dem Abverkauf ihrer Produkte und Dienstleistungen neue Impulse zu geben. Kooperationen mit Influencern haben in den letzten Jahren erheblich an Bedeutung gewonnen. Ist dies nur ein vorübergehender Hype oder wird das Influencer Marketing zu einem neuen Instrument im Onlinemarketingmix der Unternehmen? Wer sind diese Influencer und durch welche Eigenschaften sind sie charakterisiert? Wie findet ein Unternehmen geeignete Influencer und wie tritt man mit ihnen in Kontakt? Welche Kooperationsformen eignen sich für eine Zusammenarbeit und wie werden Influencer für ihre Leistung vergütet? Und vor allem: Wie misst man den Erfolg von Influencer-Kampagnen? Der Quick Guide Influencer Marketing beantwortet diese Fragestellungen aus der Unternehmensperspektive und konkretisiert Vorgehensweisen und Handlungsempfehlungen. Jedes Unternehmen muss dabei seinen individuellen Weg ausgestalten, der in diesem Quick Guide vorgestellte Katalog von Handlungsoptionen bietet die dafür notwendige Orientierung.

1.1   User Generated Content: Kommunikation und Interaktion im Social-Media-Zeitalter

Das Internet hat sich zu einem vielschichtigen und intensiv genutzten Kommunikations- und Interaktionsmedium entwickelt. Insbesondere die etablierten sozialen Netzwerke wie Facebook, YouTube, Instagram, Xing und LinkedIn haben dies maßgeblich befördert. Sie ermöglichen ihren Nutzern einen einfachen und schnellen Informations-, Meinungs- und Erfahrungsaustausch. In sozialen Netzwerken nehmen die Netzwerkmitglieder eine aktive und selbstbestimmte Rolle ein. Sie kreieren Text-, Bild- und Videoinhalte und teilen diese mit ihrer Community. Im Social-Media-Kontext spricht man von **User Generated Content.** Eigenproduzierte Inhalte erzeugen Kommunikation und Interaktion. Der Informationssender erhält Aufmerksamkeit und Feedback, wenn andere Netzwerkmitglieder seine Inhalte kommentieren, bewerten und ergänzen. Es entsteht ein wechselseitiger Informations- und Kommunikationsfluss, in dem jedes Netzwerkmitglied gleichermaßen als Informationssender und Informationsempfänger fungiert (Hettler 2010, S. 16 ff.). Geht es dabei um die Kommunikation von positiven und negativen Erfahrungen mit Produkten und Dienstleistungen, so bilden oder verändern sich Einstellungen in der Wahrnehmung von Marken. Dies führt zu einem kaufentscheidungsrelevanten Informationsaustausch unter Konsumenten und zu einem veränderten Rollenverständnis in der Beziehung zwischen Unternehmen und Zielgruppe (Hettler 2010, S. 20 ff.). Werbebotschaften werden nicht mehr passiv rezipiert, ohne die vielfältigen Möglichkeiten der Meinungsbildung und des Erfahrungsaustausches in Social Media zu nutzen.

1.2 Die Prinzipien der Beeinflussung

Die Wirkmechanismen der sozialen Beeinflussung des menschlichen Verhaltens liefern einen Erklärungsansatz für das Potenzial von Empfehlungen durch Influencer. Wie Abb. 1.1 veranschaulicht, unterscheidet Cialdini sechs Prinzipien der Beeinflussung (Cialdini 2010).

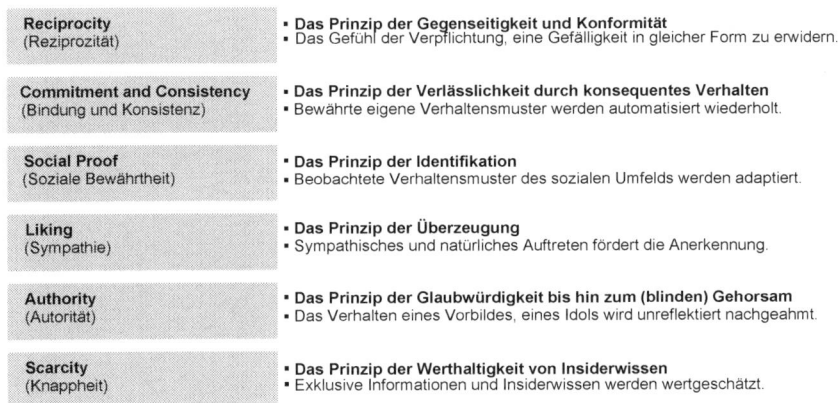

Abb. 1.1 Die sechs Prinzipien der Beeinflussung. (Adaptiert nach Deges 2017, S. 584; mit freundlicher Genehmigung von © Lange Verlag Düsseldorf 2018. All Rights Reserved)

Reciprocity (Reziprozität)
Das Prinzip der Gegenseitigkeit und Konformität kennzeichnet ein Gefühl der Verpflichtung gegenüber einer anderen Person. Der Empfang einer Vergünstigung oder kostenfreien Leistung löst unterschwellig ein (Schuld-)Gefühl aus, sich dem Gegenüber mit einer Gegenleistung oder einem Gefallen erkenntlich zu zeigen, man zahlt sozusagen eine „Schuld" zurück (Cialdini 2010, S. 43 ff.). Erhalten wir bspw. im Restaurant nach dem Essen einen Grappa auf das Haus, so tendieren wir dazu, eine solche Geste mit einem generösen Trinkgeld zu belohnen (Cialdini 2010, S. 53).

Blickwinkel des Followers

Der Influencer hat ein Produkt intensiv mit hohem Zeitaufwand getestet und gibt mir über seinen Social-Media-Kanal eine „kostenlose" Empfehlung. Ich kaufe das Produkt und zeige mich dadurch ihm gegenüber für seine Mühe erkenntlich.

Das Prinzip der Gegenseitigkeit greift auch in der Beziehung zwischen Influencer und Unternehmen, wie das folgende Beispiel illustriert:

Produkttest

Der Influencer erhält vom Unternehmen ein Produkt für einen Produkttest zur Verfügung gestellt und darf dieses behalten. Je wertvoller das Produkt (eine teure Markenuhr oder ein hochwertiger Modeartikel), desto stärker fühlt sich der Influencer verpflichtet, sich für dieses „Geschenk" erkenntlich zu zeigen und erbringt eine „Gegenleistung" in Form einer positiven Bewertung (Deges 2017, S. 467).

Commitment and Consistency (Bindung und Konsistenz)
Das Prinzip der Verlässlichkeit durch konsequentes Verhalten basiert darauf, dass bewährte eigene Verhaltensmuster automatisiert wiederholt werden. Automatismen basieren auf Erfahrungen und geben Sicherheit, sie vereinfachen komplexe Lebenssituationen und haben sich bereits des Öfteren im Alltag bewährt (Cialdini 2010, S. 91 ff.).

Blickwinkel des Followers

Die authentischen Empfehlungen des Influencers haben sich bisher immer als zuverlässige Orientierung erwiesen. Seinen Empfehlungen kann ich auch bei allen anderen Produktkategorien vertrauen. Was ihm gefällt, ist auch gut für mich.

Social Proof (Soziale Bewährtheit)

Menschliches Verhalten wird durch die Einbindung in soziale Schichten und Bezugsgruppen geprägt (Meffert et al. 2015, S. 128). Das Prinzip der Identifikation durch soziale Bewährtheit (Zugehörigkeit und Geborgenheit) besagt, dass beobachtete Verhaltensmuster des sozialen Umfelds bevorzugt adaptiert werden und zu einem konformen Verhalten führen (Kroeber-Riel und Gröppel-Klein 2013, S. 631 ff.). Die soziale Bewährtheit ist eine Orientierungshilfe. Wir nutzen damit die Möglichkeit, mehrdeutige Sachverhalte zu vereinfachen und unsichere Entscheidungssituationen zu lösen. Wenn wir uns unsicher fühlen, dann orientieren wir uns der Einfachheit halber an der Mehrheit. Sehen wir bspw. ein leeres und ein halb voll besetztes Restaurant in unmittelbarer Nähe, so wählen wir eher das Restaurant, für das sich bereits andere Menschen entschieden haben (Cialdini 2010, S. 155 ff.).

Identifikation mit Gleichgesinnten finden wir auch in der virtuellen Gemeinschaft von Social-Media-Communitys. Social Media verknüpft Menschen mit ähnlichen Interessen, Vorlieben und Einstellungen miteinander. Die Community kann als eine Bezugsgruppe bezeichnet werden, die Wertvorstellungen und Verbrauchsgewohnheiten anderer dienen als Vergleichsmaßstab für das eigene Verhalten (Meffert et al. 2015, S. 130).

Blickwinkel des Followers

Wenn so viele Mitglieder der Community den Empfehlungen des Influencers folgen, dann trifft dies auch meinen Geschmack. Ich bin ja nicht alleine, wenn ich seiner Empfehlung Folge leiste. Was viele andere tun, wird sicher richtig sein.

Liking (Sympathie)

Menschen tendieren dazu, Empfehlungen von Personen zu folgen, zu denen sie sich hingezogen fühlen. Ein Mensch erscheint sympathisch, weil er uns ähnelt, bspw. durch seine Herkunft, sein Alter, seine Interessen, Hobbys und Vorlieben (Cialdini 2010, S. 215 ff.). Der Influencer wird als reale Person wahrgenommen, er lebt in der Nachbarschaft, man kennt ihn aus dem Sportverein, er ist in die gleiche Schule gegangen und gibt sich trotz des Hypes um seine Influencertätigkeit ganz natürlich im Umgang mit anderen Menschen. Sympathie muss nicht zwingend aus einem realen persönlichen Kontakt zu einer anderen Person erwachsen sein, durch eine intensive Interaktion in sozialen Netzwerken entsteht auch in der virtuellen Welt Nähe zu einer anderen Person.

Blickwinkel des Followers

Der Influencer spricht mich persönlich an. Er ist mein „Freund", ich mag ihn und fühle mich emotional zu ihm hingezogen. Seine Empfehlung empfinde ich als direkt an meine Person adressierten Freundschaftsdienst.

Authority (Autorität)

Das Prinzip der Glaubwürdigkeit bis hin zum (blinden) Gehorsam basiert darauf, dass das Verhalten eines Vorbildes, eines Idols, unreflektiert nachgeahmt wird. Autorität drückt sich zum einen durch eine hierarchische Stellung, zum anderen durch anerkanntes Wissen und Erfahrung aus. Ein Experte verfügt über Detailwissen in einem spezifischen Fachgebiet. Seine Bewertung ist nicht anzuzweifeln, wenn man selber nicht auf Augenhöhe über den gleichen Wissensstand verfügt (Cialdini 2010, S. 261 ff.). Menschen vertrauen anderen, wenn diese den äußerlichen Anschein erwecken, über fundiertes Wissen zu verfügen. Dem Zahnarzt in der Zahnbürsten- und Zahnpastawerbung wird durch Doktortitel (Fachwissen), Kleidung (weißer Kittel) und räumlichen Bezugspunkt (Zahnarztpraxis) eine Autorität mit einer nicht infrage zu stellenden Kompetenz zugeschrieben. Die Autorität eines Influencers leitet sich rein aus seiner exponierten Position in Social Media ab. Seine hohe Reichweite verleiht ihm aus Sicht seiner Community eine hierarchisch höhere Stellung und damit Kompetenz.

Blickwinkel des Followers

Die Beauty-Bloggerin ist jeden Tag perfekt geschminkt. Sie kennt sich aus, sie weiß, welche Schminkprodukte die besten sind. Sie zeigt mir in ihrem Erklärvideo auf YouTube, wie ich diese Produkte professionell anwenden muss, damit ich bei mir die gleiche Wirkung erziele.

Scarcity (Knappheit)

Das Prinzip der Werthaltigkeit von Insiderwissen basiert darauf, dass exklusive Informationen und der bevorzugte Zugriff auf knappe Ressourcen wertgeschätzt werden. Die Kaufentscheidung wird forciert, wenn die Verfügbarkeit des Produktes eingeschränkt ist (Cialdini 2010, S. 293 ff.). Ein Produkt wird schneller bestellt, wenn im Onlineshop der Hinweis auf nur noch wenige Produkte auf Lager erscheint. Die schnelle Buchung eines Fluges oder Hotelzimmers wird mit dem Hinweis befördert, dass nur noch zwei Plätze oder Zimmer verfügbar sind.

Blickwinkel des Followers

„Mein" Influencer empfiehlt ein Produkt, welches als limitierte Sonderedition nur eine begrenzte Zeit verfügbar ist. Wenn ich jetzt schnell über den Link bestelle, den er praktischerweise in seine Empfehlung integriert hat, erhalte ich noch eines dieser wenigen Produkte.

1.3 Die Bedeutung von Empfehlungen im Informations- und Kaufverhalten

---

Scott D. Cook, Board of Directors Procter & Gamble Co. USA (2015): „A brand is no longer what we tell the customer it is – it is what customers tell each other it is" (http://quoteprism.net/scott-cook-quotes. Abgerufen am 30.03.2018)

Durch die Vielfalt des globalen Warenangebotes fällt es Konsumenten zunehmend schwer, Kaufentscheidungen mit vertrauenswürdigen und relevanten Informationen zu validieren. Gesucht wird nach einer verlässlichen und vertrauenswürdigen Orientierung zur Meinungsbildung (Hettler 2010, S. 26). Diese wird immer weniger in den Werbebotschaften der Unternehmen gesehen. Traditionelle Werbeformate verlieren an Bedeutung. Die Reizüberflutung durch Onlinewerbung wird von vielen Internetnutzern als aufdringlich empfunden und führt zu einer wachsenden Reaktanz, die auch als **Banner-Blindheit** bezeichnet wird (Hettler 2010, S. 31). Um unerwünschte Werbung auszublenden, werden insbesondere von jungen Internetnutzern zunehmend **Ad-Blocker** eingesetzt. Laut einer Messung des Bundesverbandes Digitale Wirtschaft (BVDW) lag die Ad-Blocker-Quote in Deutschland im vierten Quartal 2017 bei 24,74 % (BVDW 2018).

> ### Ad-Blocker
> Ad-Blocker (Werbeblocker) sind softwarebasierte Filterprogramme, die die Ausspielung von Werbung auf Internetseiten blockieren. Dem Nutzer unerwünschte Bannerwerbung wird ausgeblendet.

Die Werbung als kontrollierte Kommunikation eines Senders (Unternehmen) an Empfänger (Zielgruppe) über ausgesuchte Kommunikationskanäle wie TV, Radio oder Print entfaltet nicht mehr bei allen Empfängern die gewünschte Wirkung (Hettler 2010, S. 16 ff.). Wie Abb. 1.2 veranschaulicht, übernehmen Influencer die Rolle des Senders, indem sie als Mittler zwischen Unternehmen und Zielgruppe Informationen und Empfehlungen über die von ihnen bespielten Social-Media-Kanäle streuen.

Eine Empfehlung basiert auf einer Berichterstattung über objektiv und/oder subjektiv wahrgenommene Merkmale eines Produktes oder einer Dienstleistung (Helm 2013, S. 138). Sie enthält eine positive oder negative Wertung, verbunden mit dem Rat zu einem bestimmten Verhalten (z. B. Kauf oder Nichtkauf eines Produktes). Eine Empfehlung beinhaltet somit eine **Informationskomponente**

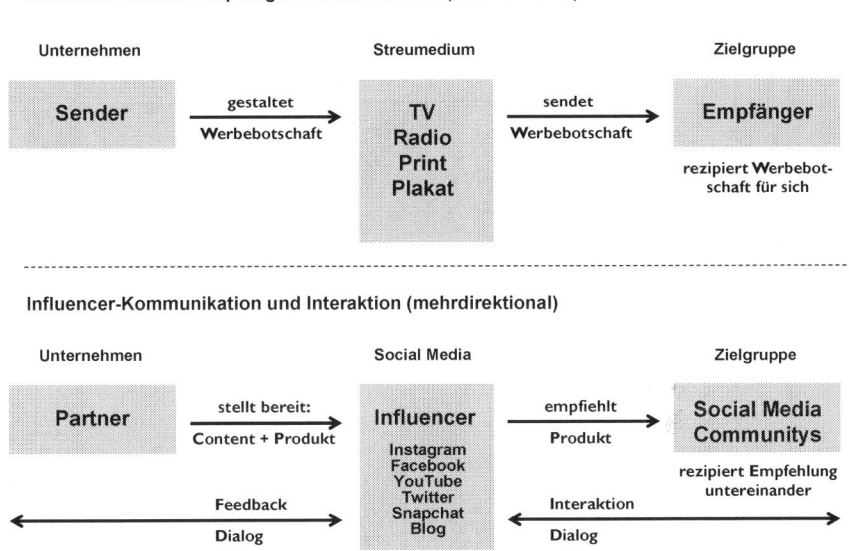

Abb. 1.2 Influencer – Kommunikation und Interaktion. (Eigene Darstellung)

und eine explizite oder implizite **Handlungsanregung** (Helm 2000, S. 20). Mindestens zwei Personen sind involviert, indem ein Sender eine Empfehlung an einen (oder mehrere) Empfänger ausspricht (Helm 2013, S. 141). Die Empfänger können durch das Weiterleiten der Empfehlung an andere Personen, z. B. im Familien- und Freundeskreis, selber zum Sender werden (Helm 2013, S. 141). Diese Reaktion kann bspw. durch die Zufriedenheit mit dem Kauf des empfohlenen Produkts in der unmittelbaren Nachkaufphase ausgelöst werden. Durch das Weiterleiten von Empfehlungen wird **Mundpropaganda** in Gang gesetzt. Je mehr Personen den Informationen des Empfehlenden vertrauen, umso größer ist sein Referenz- bzw. Empfehlungspotenzial (Helm 2000, S. 30).

Die Überzeugungskraft von Empfehlungen über Social Media basiert nicht mehr auf direkter zwischenmenschlicher Kommunikation. In der digitalen Welt spielt es nur eine untergeordnete Rolle, ob sich Sender und Empfänger persönlich kennen. Empfehlungen von anonymen Personen wird ein hoher Wahrheitsgehalt zugeschrieben. Dies zeigt der Erfolg der vielen Bewertungsportale im Internet, insbesondere bei Reise- und Hotelbuchungen. Die Meinungsbeeinflussung verlagert sich zunehmend in den virtuellen Raum, aus der Face-to-Face-Kommunikation wird ein Screen-to-Screen-Dialog (Kroeber-Riel und Gröppel-Klein 2013, S. 604). Kaufempfehlungen werden gleichermaßen für hoch- und niedrigpreisige Produkte ausgesprochen. Bei hochpreisigen Produkten empfindet der Konsument ein höheres Kaufrisiko, dieses versucht er abzubauen, indem er aktiv Informationen sucht, die ihm mehr Wissen und damit mehr Sicherheit über die Folgen des Kaufs geben (Kroeber-Riel und Gröppel-Klein 2013, S. 600, 483). Die Intensität der Informationssuche und Alternativenbewertung hängt dabei von seinem Involvement ab. Bei einem **High Involvement** wird Zeit und Energie in die Informationssuche und Alternativenbewertung investiert. Dabei sucht der Konsument nach Reduktionstechniken, die den Ablauf des Entscheidungsprozesses vereinfachen (Kroeber-Riel und Gröppel-Klein 2013, S. 484). Orientierung, Rat und Hilfestellung wird in Social Media gesucht und insbesondere bei den Influencern gefunden. Deren Empfehlungen helfen, das subjektiv empfundene Kaufrisiko abzubauen. Ein **Low Involvement,** insbesondere bei niedrigpreisigen Produkten, verkürzt den Entscheidungsprozess durch eine selektive Aufnahme von Informationen (Trommsdorff und Teichert 2011, S. 222), dabei stehen die Influencer aus Sicht der Community für Komplexitätsreduktion.

Ein **habitualisiertes Kaufverhalten** ist durch gewohnheitsmäßige Routineentscheidungen geprägt. Bereits gelernte und erprobte Verhaltensweisen werden wiederholt angewendet, der Kaufprozess ist kognitiv entlastet (Trommsdorff und Teichert 2011, S. 287). Diese Entscheidung muss dabei gar nicht das Ergebnis eigener Produkterfahrungen sein, sondern kann durch Beobachtung und Übernahme von bewährten Konsummustern befördert sein (Kroeber-Riel und Gröppel-Klein 2013, S. 487 f.), so wie sie von Influencern mit ihren Empfehlungen vermittelt werden. Bei einem **impulsiven Kaufverhalten** liegt keine bewusste Kaufabsicht vor (Trommsdorff und Teichert 2011, S. 298 f.). Ein Bedürfnis wird durch den Influencer geweckt, mit der sofortigen Bestellung des empfohlenen Produktes erfolgt eine unmittelbare reizgesteuerte Reaktion (Kroeber-Riel und

Gröppel-Klein 2013, S. 447). Insbesondere bei Jugendlichen kann dies zu spontanen Käufen führen, wenn populären Influencern als Identifikationsfiguren bedingungslos gefolgt wird. Dieses quasi automatisierte Verhalten führt zu unüberlegten und nicht vorgesehenen Käufen (Kroeber-Riel und Gröppel-Klein 2013, S. 490). Die Kaufentscheidung ist kognitiv reduziert und gleichzeitig emotional aufgewertet mit der nicht in Zweifel zu ziehenden Empfehlung des Vorbilds, des Influencers. Alternativen werden erst gar nicht in Betracht gezogen. Oder extrem ausgedrückt: Die Kaufentscheidung ist mit der Empfehlung des Influencers getroffen und der Kauf wird durch „blindes" Vertrauen unreflektiert und automatisiert vollzogen.

Ihr Transfer in die Praxis

* Reflektieren Sie typische Alltagssituationen mit der Frage, ob und inwieweit Sie sich mit Ihrem Verhalten in den sechs Prinzipien der Beeinflussung nach Cialdini wiederfinden.
* Überprüfen Sie, ob Ihr Produkt- und Leistungsportfolio eher auf ein High- oder Low-Involvement Ihrer Zielgruppe schließen lässt.
* Skizzieren Sie den Kaufentscheidungsprozess eines typischen Kunden oder verschiedener Kundengruppen Ihres Unternehmens.
* Reflektieren Sie daran anknüpfend die Bedeutung von Empfehlungen in Bezug auf das Informations- und Entscheidungsverhalten Ihrer Zielgruppe.

Literatur

BVDW. (2018). https://www.bvdw.org/presse/detail/artikel/bvdw-messung-adblocker-rate-bleibt-stabil/. Zugegriffen: 30. März 2018.

Cialdini, R. (2010). *Die Psychologie des Überzeugens*. Bern: Huber.

Deges, F. (2017). Influencer Marketing. *WISU, 2017*(5), 582–588.

Helm, S. (2000). *Kundenempfehlungen als Marketinginstrument*. Wiesbaden: Gabler.

Helm, S. (2013). Kundenbindung und Kundenempfehlungen. In M. Bruhn & C. Homburg (Hrsg.), *Handbuch Kundenbindungsmanagement* (S. 136–154). Wiesbaden: Springer.

Hettler, U. (2010). *Social Media Marketing*. München: Oldenbourg.

Kroeber-Riel, W., & Gröppel-Klein, A. (2013). *Konsumentenverhalten* (10. Aufl.). München: Vahlen.

Meffert, H., Burmann, C., & Kirchgeorg, M. (2015). *Marketing. Grundlagen marktorientierter Unternehmensführung* (12. Aufl.). Wiesbaden: Springer Gabler.

Trommsdorff, V., & Teichert, T. (2011). *Konsumentenverhalten* (8. Aufl.). Stuttgart: Kohlhammer.

2

Influencer im Kontext von Social Media

> **Was Sie aus diesem Kapitel mitnehmen**
> - Welche Eigenschaften einen Influencer idealtypischerweise auszeichnen.
> - Wie verschiedene Typen von Influencern unterschieden werden können.
> - Warum insbesondere junge Zielgruppen Influencern folgen.

Jeder Social-Media-Nutzer kann zu einem Beeinflusser werden, wenn es ihm gelingt, mit seinen Inhalten Aufmerksamkeit zu erzeugen und andere Netzwerkmitglieder anzusprechen. Influencer sind durch idealtypische Eigenschaften charakterisiert (Abschn. 2.2). Diese sind unterschiedlich ausgeprägt und führen zu einer Unterscheidung von Influencern nach verschiedenen Typen (Abschn. 2.3). In Verbindung mit dem Blick auf deren Communitys (Abschn. 2.4) werden Zusammenhänge deutlich, die es Unternehmen erleichtern, das Phänomen der Influencer einzuschätzen und eine erste Bewertung abzuleiten, inwieweit Influencer die eigenen Marketingaktivitäten bereichern können.

© Springer Fachmedien Wiesbaden GmbH, ein Teil von Springer Nature 2018
F. Deges, *Quick Guide Influencer Marketing,* Quick Guide,
https://doi.org/10.1007/978-3-658-22163-8_2

2.1 Das Buzzword Influencer

Als Influencer (engl. to influence = beeinflussen, einwirken, prägen) werden Personen bezeichnet, die aus eigenem Antrieb Inhalte (Text, Bild, Audio, Video) zu einem Themengebiet in hoher und regelmäßiger Frequenz veröffentlichen und damit eine soziale Interaktion initiieren. Dies erfolgt über internetbasierte Kommunikationskanäle wie Blogs und soziale Netzwerke wie Facebook, Instagram, YouTube, Snapchat oder Twitter. Influencer ragen aus der Masse der Social-Media-Nutzer heraus, da sie mit ihrer Tätigkeit hohe Reichweiten erzielen. Wenn solche Personen ausschließlich durch ihre digitale Präsenz Einfluss gewonnen haben, werden sie im engeren Sinn auch als Digital, Social oder Social Media Influencer bezeichnet.

Social Media Influencer …

- sind auf einem oder mehreren Kommunikationskanälen aktiv und beherrschen intuitiv deren Funktionen und Werkzeuge,
- haben eine hohe Eigenmotivation und ein altruistisches Bedürfnis zur Informationsweitergabe,
- begeistern sich und ihre Fangemeinde mit Fachkompetenz und Expertise,
- kommunizieren und interagieren zeitnah und regelmäßig mit ihren Fans,
- genießen eine hohe Anerkennung und soziale Akzeptanz in ihrer Community.

Am Anfang des Lebenszyklus eines Influencers steht die Motivation, Inhalte in Erwartung positiver Netzwerkeffekte zu veröffentlichen (Wolf 2007, S. 46). Stellen sich diese Netzwerkeffekte in Form von positivem Feedback und Weiterempfehlungen ein, so verstärkt dies den Wunsch, der wachsenden Fangemeinde regelmäßig einen Informationsmehrwert zu bieten (Wolf 2007, S. 46). Die Häufigkeit und Intensität seiner Kommunikation führt zu einer exponierten Position innerhalb des sozialen Netzwerks, denn eine hohe Reichweite bedeutet Prestige und Reputation (Ahlf 2013, S. 136, 120 ff.). Somit gesellt sich zum Altruismus als ursprünglich treibende Kraft mit zunehmender Wertschätzung der Fangemeinde auch ein Gefühl der sozialen Anerkennung. Diese ist für den Influencer eine Gratifikation, er empfindet sich anderen Personen hilfreich zur Seite stehend und zieht daraus einen „psychologischen Gewinn" (Helm 2013, S. 146).

> Unter Netzwerkeffekten werden sich selbst verstärkende Prozesse verstanden, die in kurzer Zeit zu einem exponentiellen Anstieg der Nutzerzahlen einer Plattform führen können. Dabei verstärken sich einerseits das wachsende Angebot einer Community und andererseits die steigende Nutzerzahl wechselseitig (Wolf 2007, S. 43).

Aus der Perspektive der Netzwerkmitglieder sind **High Interest** und **High Involvement** die treibenden Kräfte des Reichweitenzuwachses (Wolf 2007, S. 47). Das High Interest spiegelt sich in der Attraktivität des Themas und das High Involvement in dem Bestreben nach sozialem Austausch mit Gleichgesinnten. Influencer sind vielfach Experten in ihrem Themengebiet. Sie begeistern sich für ihren Beruf oder ihre Berufung, sie betreiben ein Hobby oder leben eine Sammelleidenschaft aus (Deges 2017, S. 461). Sie interessieren sich für Lifestyle, Fitness, Sport, Mode, Reisen, Ernährung. Social-Media-Nutzer werden auf sie aufmerksam, sei es, dass sie dem Thema ein ausgeprägtes Interesse entgegenbringen, sei es, dass sie in ihrem sozialen Umfeld, bspw. durch Freunde oder Arbeitskollegen, auf einen Influencer aufmerksam gemacht wurden. Sie werden zu Fans, Followern oder Abonnenten des Influencer-Accounts und erwarten Anregungen, Ideen und Ratschläge. Finden Ihre Erwartungen regelmäßig eine positive Bestätigung, so bilden sich stabile und langfristige Beziehungen zwischen Influencern und ihrer Community. Manche Influencer tendieren dabei zur Selbstinszenierung, um sich in ihrer virtuellen Existenz selbst zu verwirklichen. Sie nutzen das Internet als Megafon, um ihre Lebens- und Konsumgewohnheiten öffentlich darzustellen (McQuarrie und Phillips 2014, S. 17). Durch die Art ihrer sehr persönlichen und unterhaltsamen Kommunikation gewähren sie mit Offenheit und Extrovertiertheit tiefe Einblicke in ihr Privatleben und bauen so eine emotionale Nähe zu ihrer Fangemeinde auf.

Influencer wurden im Laufe der Zeit eher ungeplant und unbewusst zu Multiplikatoren und Meinungsführern. Ihre Multiplikatorfunktion begründet sich aus der hohen Reichweite und den viralen Effekten der Informationsweiterleitung innerhalb ihrer Community. Meinungsführer sind sie, da sie in Social Media durch die Qualität ihrer Kommunikation und Argumentation und durch eine hohe Aktivität einen stärkeren sozialen Einfluss als andere Netzwerkmitglieder ausüben. Die Netzwerkeffekte entwickeln durch ihre Viralität eine vom Influencer zumeist am Anfang gar nicht vorhergesehene Eigendynamik. Je größer das Netzwerk und damit der potenzielle Einfluss, desto eher werden Unternehmen auf die hinter dem Account stehende Person aufmerksam.

> **Influencer**
>
> Ein Influencer ist eine natürliche Person, die einen Blog und/oder einen Account in sozialen Netzwerken mit hochwertigen Informationen zu einem Thema bespielt und dem ihm größtenteils unbekannte Personen als Fans/Follower/Abonnenten folgen, weil sie seinen Inhalten ein hohes Interesse entgegenbringen und ihn als glaubwürdigen und authentischen Experten wahrnehmen.

2.2   Idealtypische Eigenschaften von Influencern

Die Überzeugungskraft eines Influencers basiert auf seiner Persönlichkeit und positiven Charaktereigenschaften, welche über die Zeit den Aufbau der hohen Reichweite befördert haben. Mit dem Idealbild eines Influencers werden Eigenschaften wie Glaubwürdigkeit, Vertrauen, Authentizität und Ausstrahlung verbunden. Diese entfalten durch ihre Kombination das individuelle Profil eines Influencers.

Glaubwürdigkeit

Influencer bilden aus einer persönlichen und subjektiven Bewertung heraus eine Meinung und geben darauf basierend ihre Empfehlungen.

Zufriedenheit (Konsonanz) oder Unzufriedenheit (Dissonanz) setzt dabei eine direkte Produkterfahrung voraus (Meffert et al. 2015, S. 123). Wie Abb. 2.1 veranschaulicht, werden Produktempfehlungen von Influencern als besonders glaubwürdig empfunden.

Die Netzwerkmitglieder erwarten, dass der Influencer nur dann Empfehlungen ausspricht, wenn er von Produkten überzeugt ist und diese selber im Alltag nutzt. Die Glaubwürdigkeit des Influencers liegt in seinem Fachwissen begründet. Wer mit hoher Expertise und Kompetenz zu einem Thema kommuniziert, wird anerkannt und wertgeschätzt. Der Expertenstatus ist umso glaubwürdiger, wenn die Influencertätigkeit erkennbar aus einer Profession oder einer Leidenschaft erwachsen ist, bspw. Mütter, die einen Mummy-Blog betreiben, Köche, die als Foodblogger aktiv sind. Fitnesstrainer, die einen Fitness-Blog bespielen. Glaubwürdigkeit ist auch ein Ausdruck der Übereinstimmung von Reden und Handeln (Hettler 2010, S. 73).

Vertrauen

Durch Vertrauen wird ein subjektiv wahrgenommenes Risiko in Entscheidungssituationen abgebaut (Meffert et al. 2015, S. 122). Eine

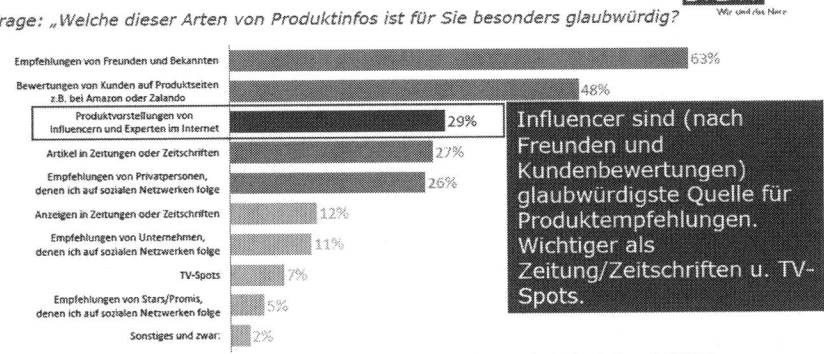

Abb. 2.1 Influencer als Quelle für Produktempfehlungen. (Aus BVDW und Influry 2017; mit freundlicher Genehmigung von © BVDW Bundesverband Digitale Wirtschaft e. V. 2018. All Rights Reserved)

Community vertraut einem Influencer, wenn sie diesen als unabhängigen und neutralen Ratgeber anerkennt. Ein Vertrauensverlust entsteht, wenn er nicht im Einklang mit seinen Empfehlungen agiert (Helm 2013, S. 147). Wie Abb. 2.2 veranschaulicht, ist den Fans durchaus bewusst, dass Influencer mit Unternehmen kooperieren.

Dies muss nicht zwangsläufig das Vertrauen beeinträchtigen, solange sich nicht der Eindruck verfestigt, dass Empfehlungen „erkauft" sind und nicht die Überzeugung des Influencers widerspiegeln. Der Influencer muss seine Werbepartnerschaften offenlegen und werbliche Inhalte kennzeichnen. Dabei ist zu beachten, dass das Vertrauen beeinträchtigt werden kann, wenn werbliche Inhalte nicht zum organischen Inhalt passen, wenn für mehrere Unternehmen gleichzeitig geworben wird und ein schneller Wechsel der Werbepartnerschaften in der gleichen Produktkategorie erfolgt (Helm 2013, S. 146). Ein Influencer wirkt nicht mehr vertrauensvoll, wenn er heute ein Produkt von Kosmetikhersteller A und morgen ein ähnliches Produkt von Kosmetikhersteller B empfiehlt.

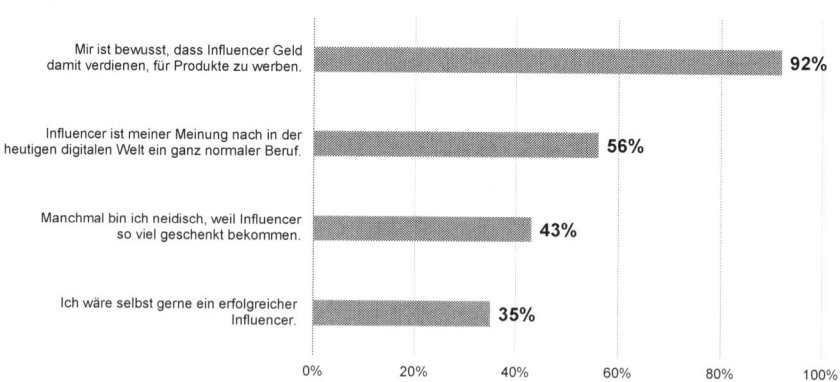

Abb. 2.2 Berufsbild Influencer. (Adaptiert nach Bitkom Research 2017; mit freundlicher Genehmigung von © Bitkom Research GmbH 2018. All Rights Reserved)

Authentizität

Authentizität steht für die Art der Information und Kommunikation. Influencer haben im Laufe der Zeit ihren individuellen Stil entwickelt, indem sie Informationen mit einer unbefangenen und offenen Art auf den Punkt bringen. Authentizität steht für Leidenschaft und Begeisterung. Der Influencer sollte idealerweise auch als Fan seines eigenen Accounts wahrnehmbar sein. Da viele von ihnen junge Communitys ansprechen, geht es auch um adäquate Sprache, Stil und Tonalität. Influencer aus der gleichen Altersgruppe verstehen es, mit ihren Fans einen klaren Dialog auf Augenhöhe zu führen.

> Es geht nicht darum, ob Sie als Unternehmen den Influencer als authentisch einschätzen, sondern es gilt zu bewerten, ob Ihre Zielgruppe den Dialog mit dem Influencer als authentisch wahrnimmt.

Identifikation

Influencer sind alltägliche Personen, deren Bekanntheit und Popularität sich auf ihren Aktivitäten in Social Media aufbaut. Sie sind keine Künstler, Sportler, Musiker, Film-, Fernseh- und Showstars, die zwar in der Öffentlichkeit bekannt und mit ihren Auftritten in der Medienwelt omnipräsent sind, aber ihr privates Leben oftmals extrem abschotten. Influencer sind Persönlichkeiten der digitalen Welt. Dort pflegen sie ihre exponierte Präsenz und wirken für viele Fans nicht wie fremde, unnahbare Personen, wenn sie auf ehrliche und persönliche Art und Weise aus ihrem Leben berichten und damit ihren Fans ein Gefühl vermitteln, ein Teil davon zu sein. Nimmt eine Person bei seinem Gegenüber eine von ihm positiv bewertete Eigenschaft wahr, so schließt sie beinahe automatisch auf weitere positive Eigenschaften (Kroeber-Riel und Gröppel-Klein 2013, S. 485). Man spricht vom **Halo(Heiligenschein)-Effekt.** Einzelne Eigenschaften erzeugen einen positiven Eindruck, der die weitere Wahrnehmung der Person „überstrahlt" und so den Gesamteindruck unverhältnismäßig beeinflusst (Trommsdorff und Teichert 2011, S. 237 f.).

Mit einer regelmäßigen Kommunikation wird der Fan zum alltäglichen Begleiter des Influencers. Die vertraute Ansprache bezieht er auf sich selbst, unabhängig davon, dass jeder Einzelne nur ein Teil einer großen Community ist. Die Kommunikationswissenschaft spricht von **parasozialen Interaktionen** und **parasozialen Beziehungen.** Es entsteht die Illusion einer direkten und intimen Kommunikation „von Mensch zu Mensch" (Kroeber-Riel und Gröppel-Klein 2013, S. 604). Obwohl der Influencer kein „Freund" in einer realen Umgebung darstellt, wird ein Gefühl der Nähe empfunden. Parasoziale Beziehungen bilden sich durch die Sprache (Du-Anrede, Zielgruppenjargon), durch die Intimität von Gesten (Lächeln), durch die Vertrautheit der Stimme (in den audiovisuellen Formaten) oder durch eine Atmosphäre der persönlichen Gemeinsamkeit durch Einblicke ins Privatleben (Kroeber-Riel und Gröppel-Klein 2013, S. 604). Fans fühlen sich direkt und persönlich angesprochen, wenn intime Details wie Beziehungsprobleme, sensitive Stimmungen und Herzenswünsche geteilt werden. Indem Influencer Videos in ihrem Zuhause drehen, geben sie ihrer Community ungeniert Einblicke in ihr persönliches Umfeld und ihr Privatleben.

Die Identifikation der Community mit „ihrem" Influencer wird auch durch sein Verhalten in der Öffentlichkeit geprägt. Durch das Aufeinandertreffen von Influencern und Fans in einer realen Umgebung entsteht eine über die digitale Präsenz hinausgehende emotionale Verbundenheit. Fans feiern ihre Idole enthusiastisch, wenn sie ihnen in der Öffentlichkeit auf Messen, Events oder Promotions begegnen. Influencer stellen damit in zweifacher Hinsicht eine Identifikationsfläche für die Fans dar, indem sowohl ein **sozialer Aufwärts-Vergleich** (Verehrung des Idols) als auch ein **sozialer Horizontal-Vergleich** (das Gefühl, auf Augenhöhe mit dem Influencer zu sein) vollzogen werden (Kohn 2016, S. 60, 63).

2.3   Typisierung der Influencer

Es gibt eine große Vielfalt an Influencer-Typen. Sie sind in allen sozialen Strukturen und gesellschaftlichen Schichten zu finden. Denn jedes Netzwerkmitglied kann unabhängig von seiner soziodemografischen

Prägung zum Social Media Influencer werden, wenn es ihm gelingt, mit einem interessanten Thema eine reichweitenstarke und attraktive Community aufzubauen und nachhaltig zu begeistern. Eine allgemeine Kategorisierung ist schwierig, dies macht auch die Auswahl geeigneter Influencer zu einer komplexen Unternehmensaufgabe (Kap. 6). Influencer sind aus unterschiedlichen Intentionen zu dem geworden, was sie heute darstellen. Viele sind eher zufällig in ihren Status hineingewachsen. Das Bespielen eines eigenen Accounts, die immer größer werdende Community, das wachsende Beeinflussungspotenzial, die plötzliche Identifizierung als attraktiver Werbepartner, dies ist von vielen nicht bewusst geplant worden. Nur wenige Influencer der ersten Stunde können erahnt haben, dass ihnen ihre Social-Media-Aktivität ein einträgliches Einkommen bescheren könnte.

Grundsätzlich ist allen eine hohe Social-Media-Kompetenz gemeinsam. Sie sind Netzwerkspezialisten und beherrschen mit großer Sachkenntnis die Funktionen und Werkzeuge der von ihnen bedienten sozialen Netzwerke. Sie zeichnet Intuition und Leichtigkeit in der Nutzung von Social Media aus, häufig auch dadurch bedingt, dass sie selber eine junge Generation repräsentieren, der die Nutzung von Internettechnologien alltäglich und selbstverständlich ist. Influencer lassen sich nach verschiedenen Ansätzen typisieren, die in Abb. 2.3 im Überblick visualisiert sind. Unternehmen können daraus eine erste Orientierung des für sie idealen Typus ableiten.

Typisierung nach dem bespielten Social-Media-Kanal
Influencer haben einen bevorzugten Kommunikationskanal, in den meisten Fällen ist es der, mit dem sie sich ihre Reputation erarbeitet haben. Differenziert nach den verschiedenen Social-Media-Kanälen spricht man von Bloggern, YouTubern, Instagrammern oder Snapchattern. Da jede Plattform für bestimmte Formen der Inhaltsdarstellung steht, ist mit dieser Differenzierung auch ein Fokus auf Content-Formate wie Video, Audio, Text und Bild gelegt.

Während Blogger ihre Inhalte sehr textbasiert gestalten, kombiniert ein Vlogger (Wortkreation aus den Begriffen Blogger und Video) Text und Video. YouTuber stehen für die Kombination von Video und Audio, Instagrammer für die visuelle Bilderpräsentation. Twitter für

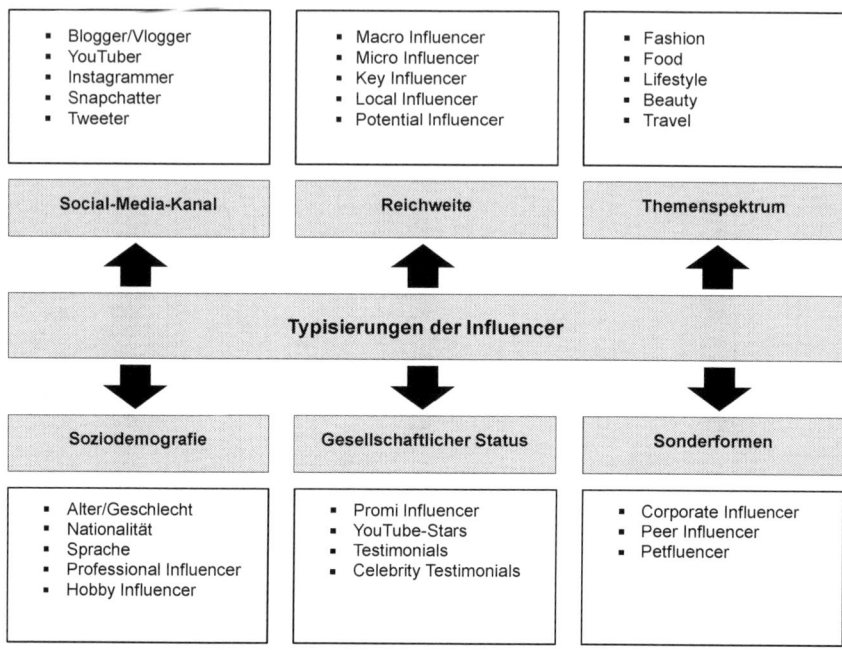

Abb. 2.3 Influencer-Typisierungen. (Eigene Darstellung)

Kurznachrichten und Facebook für Kombinationen von Text, Bild, Video und Audio. Innerhalb dieser Typisierung ist zu berücksichtigen, dass viele Influencer mittlerweile mehrere Kanäle bespielen, um ihre Reichweite zu erhöhen.

Typisierung nach dem Themenspektrum

Viele Influencer konzentrieren sich auf ein Thema. Eine Typisierung ist daher nach der inhaltlichen Ausrichtung möglich. Blogger differenzieren sich bspw. in Modeblogger, Lifestyleblogger, Fitnessblogger, Foodblogger oder Reiseblogger. Innerhalb eines solchen eher generellen Themenspektrums finden sich wiederum Spezialisierungen in Form von Nischenthemen. Ein Reiseblogger bereist immer wieder eine bevorzugte Region, ein Foodblogger konzentriert sich nur auf veganes Essen, der Fitnessblogger ist auf eine spezielle Trainingsmethode fokussiert. Influencer, die sich einen hohen Expertenstatus erarbeitet haben, können auch als Key Influencer bezeichnet werden. Für Unternehmen hat das Themenspektrum eine hohe Relevanz. Denn der organische, der eigenkreierte Inhalt des Influencers sollte in einem engen Kontext zum Produkt- und Leistungsportfolio des Unternehmen stehen.

Typisierung nach soziodemografischen Merkmalen

Die Influencertätigkeit ist weder eine alters- noch eine geschlechtsspezifische Domäne, gleichwohl finden sich themenbezogene Differenzierungen. Bei den Modebloggern sind es eher Männer, die Herrenkleidung und im Umkehrschluss auch in der Überzahl Frauen, die Damenmode bewerten und empfehlen. Beauty-Produkte werden primär von weiblichen Influencern getestet, technisches Equipment, Software und Videospiele sind eine Spezialisierung männlicher Influencer. Ernährung und Kochen ist gleichgeschlechtlich verteilt. Das Alter des Influencers spiegelt sich häufig in der Altersklasse seiner Community. Viele von ihnen repräsentieren sehr junge Zielgruppen. Je höher das Alter, desto geringer erscheint die reine Anzahl an Influencern. Dies mag damit zusammenhängen, dass die Nutzungsintensität höherer Altersklassen in Social Media geringer ausgeprägt ist als bei Kindern und Jugendlichen. Sehr junge Influencer (Teens und Twens) befinden sich noch in der Schulausbildung oder absolvieren eine Lehre oder Studium, ältere Influencer sind durch ihre Profession geprägt, bspw. als Profisportler, Fitnesstrainer, Softwareentwickler, Wissenschaftler oder Journalist. Herkunft und Sprache ergeben Differenzierungen, je nachdem, ob durch die Sprachwahl eine nationale oder internationale Zielgruppe angesprochen werden soll oder ob mit der Prägung durch die Herkunft/Nationalität des Influencers Stereotype bedient werden, bspw. Franzosen für Esskultur und Haut Couture oder Italiener für Pasta, Wein und Mode.

Typisierung nach der Reichweite

Häufig wird auf den ersten Blick die quantitative Reichweite zur Klassifizierung herangezogen, obwohl diese differenziert zu bewerten ist. Denn eine hohe Reichweite sagt nichts über das Engagement der

Community aus (Abschn. 6.1). Zur Typisierung nach der Reichweite haben sich die Begriffe Micro Influencer und Macro Influencer etabliert, ohne dass es eine fundierte Basis für eine quantitative Abgrenzung gibt. **Micro Influencer** mit wenigen Tausend Fans haben zwar eine geringe Reichweite, dafür aber einen engen Kontakt zu ihrer Community und pflegen einen intensiven Austausch mit ihren Fans. Der Status als Micro Influencer kann auch durch die Spezialisierung auf ein Nischenthema oder auf eine Region (**Local Influencer**) begründet sein. Gerade dann ist die Community sehr homogen, was eine Zielgruppenansprache ohne große Streuverluste ermöglicht. Als **Macro Influencer** werden Influencer ab einer Reichweite von 50.000 bis 100.000 Followern klassifiziert, nach oben gibt es keine Grenze. Macro Influencer können ein- bis zweistellige Millionenzahlen an quantitativer Reichweite aufbauen.

Typisierung nach dem gesellschaftlichen Status

Influencer mit einer großen Community und hoher Popularität erreichen einen Promistatus. Sie werden vor allem von sehr jungen Fans als Idole verehrt. Dieser Status basiert nicht auf einem Talent oder einer Begabung wie bei Musikern, Künstlern oder Sportlern, sondern rein auf ihrer Präsenz als Social Influencer. Aus Unternehmenssicht mögen populäre Influencer auf dem ersten Blick als attraktive Kooperationspartner erscheinen, doch manch einer verliert sich schnell in seinem zufällig erworbenen Promistatus. Dann besteht das Risiko, dass Authentizität verloren geht und der Wunsch nach Selbstverwirklichung und Selbstvermarktung der eigenen Person in den Vordergrund rückt. Zu attraktiv erscheint es manchem jungen Influencer, eine plötzlich gewonnene Prominenz gewinnbringend zu vermarkten, indem man sich als Sänger, Model, Entertainer oder Schauspieler erprobt. Promi Influencer erhalten eine Vielzahl an Kooperationsanfragen. Je mehr Kooperationen sie eingehen, umso eher kommt es zu Interessenkonflikten zwischen Unternehmen und Influencer und zu einem Vertrauensverlust in der Community.

Der Prominentenstatus eines Influencers kann bei einer Kooperation zu einem schnellen Aufbau von Unternehmens- und Markenbekanntheit führen. Es besteht aber das Risiko, dass die Marken hinter der Popularität des Influencers verblassen und nicht angemessen zur Geltung gebracht werden, weil der Influencer nicht mehr authentisch wirkt.

Abgrenzung zu klassischen Testimonials

Prominente aus Sport, Musik, Mode, Film und Fernsehen werden aufgrund ihrer Bekanntheit und Popularität im Rahmen klassischer Werbekampagnen als Testimonials (Celebrity-Testimonials) eingesetzt. Die Testimonialwerbung unterscheidet sich vom Influencer Marketing durch ihren klar erkennbaren Werbecharakter, wenn klassische Werbeformate wie TV-Werbung, Radiospots und Printanzeigen bedient werden.

Auch die etablierten Celebrity-Testimonials betreiben eigene Social-Media-Accounts (Kilian 2016, S. 76 ff.). Wie Tab. 2.1 verdeutlicht, repräsentieren einige von ihnen durch ihre globale Bekanntheit extrem hohe Reichweiten, die sie in lukrative Werbepartnerschaften einbringen.

Prominente kooperieren neben der klassischen Testimonial-Werbung auch als Influencer über ihre eigenen Social-Media-Accounts. Da sie mit ihrer heterogenen, global weit gestreuten Fangemeinde keine genaue

Tab. 2.1 Social-Media-Reichweiten Celebrity-Testimonials aus Sport und Entertainment 2018. (Eigene Darstellung)

	Facebook (Mio.)	Instagram (Mio.)	Twitter (Mio.)	Gesamt (Mio.)
Cristiano Ronaldo (Fußballer)	120,5	123,6	71,8	315,9
Justin Bieber (Sänger)	75	98,3	105,9	279,2
Taylor Swift (Sängerin)	69,8	107	85,6	262,4
Selena Gomez (Sängerin)	60	135,5	56,3	251,8
Neymar Jr. (Fußballer)	59,9	91,5	38,9	190,3
Lionel Messi (Fußballer)	88,1	89,5		177,6

Abruf der Fan-, Follower- und Abonnentenzahlen auf Facebook, Instagram und Twitter am 05.04.2018. Basis der Zählung sind ausschließlich die Official-Accounts dieser Personen ohne die zahlreich existierenden Fanseiten in den sozialen Netzwerken

Zielgruppeneingrenzung bieten können, treten die reinen Social-Media-Influencer zunehmend in Konkurrenz zu ihnen (Kilian 2016, S. 79). Da der Einsatz von Celebrity-Testimonials in der klassischen Werbung schon eine kostspielige Werbeform darstellt, muss davon ausgegangen werden, dass sie auch für Social-Media-Kampagnen hohe Honorare verlangen. Dies bietet sich eher für globale Marken an, bspw. wenn ein Sportartikelhersteller mit einem Fußballstar oder ein Getränkehersteller mit einer Sängerin eine Influencer-Kampagne durchführt.

Sonderformen

Als **Peer Influencer** werden Personen bezeichnet, die als Stakeholder (Kunden, Lieferanten) in enger Beziehung zum Unternehmen stehen. Durch ihre direkten Erfahrungen als Geschäftspartner gelten ihre Empfehlungen als glaubwürdig, wenn sie persönlich und ungezwungen vermittelt werden. Diese Art von Empfehlungen werden als Referenzen bezeichnet. Darunter versteht man die Auskunft eines aktuellen oder ehemaligen Geschäftspartners über die Ausprägung des von ihm in Anspruch genommenen Leistungsbündels eines Anbieters (Helm 2013, S. 148). Referenzen werden eher durch die explizite Bitte des Unternehmens als durch Eigeninitiative des Stakeholders verfasst (Helm 2013, S. 139).

Corporate Influencer sind Mitarbeiter des Unternehmens. Diese können gezielt als Influencer aufgebaut und eingesetzt werden. Der Versand- und Onlinehändler OTTO startete 2017 ein Corporate-Influencer-Entwicklungsprogramm, bei dem Social-Media-affine Mitarbeiter zu Jobbotschaftern aus- und weitergebildet werden. Aus der Insiderperspektive vermitteln sie glaubwürdig und authentisch persönliche Einblicke in den Arbeitsalltag und positionieren das Unternehmen als attraktiven Arbeitgeber (OTTO 2017). Des Weiteren gibt es Mitarbeiter, die privat als Hobby Influencer in einem für das Unternehmen relevanten Themengebiet aktiv sind, weil sie sich über ihre Arbeitstätigkeit hinaus in hohem Maße mit dem Leistungsspektrum des Unternehmens identifizieren. Vielreisende Mitarbeiter eines Touristikunternehmens betreiben aus eigenem Antrieb einen Reiseblog oder Mitarbeiter eines Herstellers von

Outdoor-Bekleidung sind in ihrer Freizeit aktive Bergsteiger und berichten über ihre Erfahrungen mit der Ausrüstung. Werden diese aktiven Mitarbeiter identifiziert, so kann das Unternehmen sie in ihrer Tätigkeit fördern und unterstützen.

Beispiel

Der Küchenmixerhersteller Blendtec aus den USA (https://www.blendtec.com/) zerhäckselt unter dem Kampagnenslogan „Will it blend" mit seinen Mixern Alltagsgegenstände wie bspw. Smartphones, Tablets oder Kameras anstatt typischerweise Gemüse oder Früchte. Der Firmengründer Tom Dickson fungiert als authentischer **Corporate Influencer** und präsentiert die über 100 Videos auf YouTube (https://www.youtube.com/user/Blendtec) in einer natürlichen und humoristischen Art. Insgesamt 885.000 Abonnenten folgen dem YouTube-Channel. Die Unternehmens- und Markenbekanntheit wurde nachhaltig gesteigert und eine hohe Nachfrage nach den Mixern generiert.

Beispiel

Hunde- und Katzenvideos sind beliebt und generieren hohe Aufmerksamkeit. **Petfluencer** sind Tiere mit einem (eigenen) Social-Media-Account, der von den Tierhaltern oder Agenturen gemanagt wird. Vornehmlich Katzen und Hunde, aber auch Waschbären oder Füchse zählen zu Petfluencern mit großer Fangemeinde. Tierliebhaber und Tierhalter sind die Follower, denen mit der Verlinkung auf Onlineshops Produkte zur Tierhaltung und Tierfutter oder ein Sortiment unterschiedlichster Fanartikel angeboten werden. Unternehmen buchen Petfluencer als Werbeträger und bescheren den Betreibern der Accounts attraktive Honorare. Grumpy Cat (https://www.instagram.com/realgrumpycat/) erreicht 2,5 Mio. Abonnenten auf Instagram (Stand 05.04.2018). Marnie The Dog (https://www.instagram.com/marniethedog) folgen 2,1 Mio. Abonnenten (Stand 05.04.2018) und für den Official-Account des Waschbären Pumpkin the Raccoon (https://www.instagram.com/pumpkintheraccoon) begeistern sich 1,5 Mio. Fans (Stand 05.04.2018).

2.4   Die Communitys der Influencer

Viele Internetnutzer pflegen eine virtuelle Identität in sozialen Netzwerken. Dort bilden sich zwanglose und informelle Gemeinschaften als Beziehungs- bzw. Freundschaftsnetzwerke individueller Akteure mit gleichen Interessen, Einstellungen und Werten (Weyer 2014, S. 4). Die Mitglieder dieser virtuellen Gemeinschaften (Synonyme: Virtual-Communitys, Online-Communitys) werden je nach Netzwerk als Freunde, Follower, Folger, Fans oder Abonnenten bezeichnet. Die Community eines Influencers ist über den Zeitablauf organisch gewachsen und auf ihn als wertgeschätzte Person zentriert. Durch diese zentrale Stellung als Knotenpunkt in einem Netzwerk üben sie Einfluss auf andere aus, indem deren Handlungen zu kollektiven Aktionen führen (Weyer 2014, S. 73), bspw. der Kauf eines vom Influencer empfohlenen Produktes in einer kurzen Zeitspanne durch eine Vielzahl seiner Fans. Das primäre Motiv, einem Influencer zu folgen, liegt im Interesse an seinem Themengebiet und seiner Persönlichkeit begründet. Damit wird eine eindirektionale Kommunikationsbeziehung mit dem Influencer aufgebaut. Soziale Beziehungen bilden sich auch innerhalb der Community in Form einer multidirektionalen Kommunikation, da prinzipiell jeder mit jedem kommunizieren kann (Wolf 2007, S. 40). Je kleiner die Community, desto homogener ist die soziale Struktur innerhalb der Gruppe, es entsteht eine wahrgenommene soziale Zugehörigkeit und ein Gemeinschaftsgefühl (Ahlf 2013, S. 132). Je aktiver in der Community kommuniziert wird, desto stärker ist die Bindung des Einzelnen an diese Bezugsgruppe. Es entsteht eine Konvergenz, indem sich Community-Mitglieder wechselseitig so verhalten, wie sie es voneinander erwarten (Weyer 2014, S. 278).

Die Kommunikation des Influencers mit seiner Fangemeinde und auch die Kommunikation der Fans untereinander finden größtenteils auf der virtuellen Ebene statt. Dadurch bilden sich Freundschaften und soziale Beziehungen, die nicht mehr auf eine physische Präsenz und das Kennenlernen in einer realen Umgebung aufgebaut sind. Persönliche Bekanntschaften innerhalb der Community existieren dadurch, dass Influencer im persönlichen Umfeld weiterempfohlen werden und

Mitglieder des realen Freundeskreises ebenfalls der Fangemeinde beitreten. Je größer und verzweigter die Community, desto anonymer wird das Verhältnis der Community-Mitglieder untereinander und miteinander.

Die Akzeptanz eines Influencers basiert auch auf seiner Zugehörigkeit zur gleichen Generation wie seine Community. Als Generation wird in der Genealogie eine Gruppe von Personen bezeichnet, die aus einer identischen alterseingegrenzten Zeitspanne kommen (Scholz 2014, S. 15). Die Generationenkonzepte dienen als Erklärungsansatz für Verhaltensmuster, die durch in der Kindheit und Jugend geprägte Werte, Normen, Einstellungen und Erfahrungen determiniert sind (Scholz 2014, S. 14 ff.). Aus Vertretern der sog. Gen Y und Gen Z rekrutieren sich im Wesentlichen die Communitys der Influencer und die Influencer selbst. So sind es vor allem Teens und Twens, die als Influencer eine hohe Aufmerksamkeit generieren.

Generation Y

Zwischen 1980 und 1994 geborene Personen (Synonyme: Millennials, Digital Natives), deren späte Vertreter schon im digitalen Zeitalter herangewachsen sind (Scholz 2014, S. 87). Die Gen Y zeichnet eine „technologie-affine Lebensweise" (Klaffke 2014, S. 65) aus, sie handhabt ungezwungen digitale Technologien und ist es gewohnt, dass Informationen zu jeder Zeit und überall verfügbar sind (Scholz 2014, S. 96 f.). Die Gen Y unterhält eine Vielzahl an Beziehungen in den sozialen Netzwerken, ein ständiges Feedback über das Leben und den Alltag wird über die digitale Interaktion untereinander und miteinander kultiviert (Klaffke 2014, S. 65).

Generation Z

Zwischen 1995 und 2010 in eine bereits digitalisierte Welt hineingeborene Personen (Synonyme: Digital Natives, Smart Natives). Die Nutzung digitaler Kommunikationstechnologien wurde früh habitualisiert (Klaffke 2014, S. 70). Die Gen Z ist mit ihrer Omnipräsenz in der digitalen Welt „always on" (Scholz 2014, S. 96). Insbesondere Social Media wird intensiv für den Aufbau und die Pflege sozialer Kontakte genutzt (Scholz 2014, S. 29 f.). Das Streben nach Anerkennung, Aufmerksamkeit und Selbstverwirklichung im Privatleben wirkt als Treiber einer Selbstinszenierung, insbesondere in den sozialen Netzwerken (Klaffke 2014, S. 70).

Die Generationenkonzepte liefern trotz ihrer verallgemeinernden Klassifizierungen wichtige Tendenzaussagen über Werte und Einstellungen innerhalb einer Generationenkohorte. Insbesondere das Wissen über die präferierten sozialen Netzwerke und das Mediennutzungsverhalten der Generationen unterstützt ihr Unternehmen bei der Zielgruppenidentifizierung für das Influencer Marketing (siehe Abschn. 4.2).

Ihr Transfer in die Praxis

- Recherchieren Sie, ob in Ihrem Unternehmen Mitarbeiter als Hobby Influencer in einem unternehmensrelevanten Themenfeld aktiv sind und ob Sie diese fördern und unterstützen wollen.
- Überlegen Sie, ob Sie mit einem Corporate Influencer Programm dem Fachkräftemangel und der Suche nach Talenten durch eine kreative Variante Ihres Personalrecruitings begegnen können.
- Reflektieren Sie, inwieweit Ihre für eine Ansprache durch Influencer avisierte Zielgruppe als Vertreter der Gen Y und/oder Gen Z zu klassifizieren ist.

Literatur

Ahlf, H. (2013). Identifikation von Influentials in virtuellen sozialen Netzwerken: Eine agentenbasierte Modellierung und Simulation sozialer Beeinflussungsprozesse. https://duepublico.uni-duisburg-essen.de/servlets/DerivateServlet/Derivate-33321/Ahlf_Diss.pdf. Zugegriffen: 29. März 2018.

Bitkom Research. (2017). Jeder Fünfte folgt Online-Stars in sozialen Netzwerken. https://www.bitkom.org/Presse/Presseinformation/Jeder-Fuenfte-folgt-Online-Stars-in-sozialen-Netzwerken.html. Zugegriffen: 30. März 2018.

BVDW & Influry. (2017). Bedeutung von Influencer Marketing in Deutschland 2017. https://www.bvdw.org/fileadmin/bvdw/upload/studien/171128_IM-Studie_final-draft-bvdw_low.pdf. Zugegriffen: 30. März 2018.

Deges, F. (2017). Influencer Marketing. *WISU, 5*, 582–588.

Helm, S. (2013). Kundenbindung und Kundenempfehlungen. In M. Bruhn & C. Homburg (Hrsg.), *Handbuch Kundenbindungsmanagement* (S. 136–154). Wiesbaden: Springer.

Hettler, U. (2010). *Social Media Marketing*. München: Oldenbourg.

Kilian, K. (2016). Influencer sind die neuen Promis. *Absatzwirtschaft, 7/8,* 76–79.

Klaffke, M. (2014). Millennials und Generation Z – Charakteristika der nachrückenden Arbeitnehmer-Generationen. In M. Klaffke (Hrsg.), *Generationen-Management* (S. 57–82). Wiesbaden: Springer Gabler.

Kohn, A. (2016). Die Macht der Meinung in sozialen Medien. *Journal für korporative Kommunikation, 2,* 52–67.

Kroeber-Riel, W., & Gröppel-Klein, A. (2013). *Konsumentenverhalten.* München: Vahlen.

McQuarrie, E., & Philipps, B. (2014). Der Megafon-Effekt in Social Media: Wie Konsumenten zu Style-Leadern werden. *GfK MIR, 2,* 16–20.

Meffert, H., Burmann, C., & Kirchgeorg, M. (2015). *Marketing. Grundlagen marktorientierter Unternehmensführung.* Wiesbaden: Springer Gabler.

OTTO. (2017). https://www.otto.de/unternehmen/de/newsroom/news/2017/ Corporate-Influencer-OTTO-Botschafter.php. Zugegriffen: 30. März 2018.

Scholz, C. (2014). *Generation Z.* Weinheim: Wiley-VCH.

Trommsdorff, V., & Teichert, T. (2011). *Konsumentenverhalten.* Stuttgart: Kohlhammer.

Weyer, J. (2014). Netzwerke in der mobilen Echtzeit-Gesellschaft. In J. Weyer (Hrsg.), *Soziale Netzwerke* (S. 3–37). München: Oldenbourg.

Wolf, V. (2007). *E-Marketing.* München: Oldenbourg.

3

Influencer Marketing als Baustein der Social-Media-Strategie

Was Sie aus diesem Kapitel mitnehmen

- Was unter Influencer Marketing zu verstehen ist und wie es sich aus dem klassischen Empfehlungsmarketing zu einer Form der digitalen Mundpropaganda entwickelt hat.
- Welche Einsatzmöglichkeiten und Potenziale das Influencer Marketing Ihrem Unternehmen bieten kann.
- Eine Schritt-für-Schritt-Roadmap zur Implementierung des Influencer Marketings im Unternehmen.

Mit dem fundierten Grundverständnis über die Charakteristika und die verschiedenen Arten von Influencern wird im folgenden Kapitel das Influencer Marketing mit seinen Erscheinungsformen, Einsatzmöglichkeiten und seinen Potenzialen thematisiert. Darauf aufbauend erfolgt die Vorstellung einer Roadmap, mit der das Influencer Marketing Schritt für Schritt im Unternehmen implementiert werden kann.

© Springer Fachmedien Wiesbaden GmbH, ein Teil von Springer Nature 2018
F. Deges, *Quick Guide Influencer Marketing,* Quick Guide,
https://doi.org/10.1007/978-3-658-22163-8_3

3.1 Das Buzzword Influencer Marketing

Das Influencer Marketing basiert auf dem Empfehlungsmarketing (synonyme Begriffe: Referenzmarketing, Referral Marketing), welches schon vor dem Zeitalter des Internets als Instrument zur Neukundengewinnung und Kundenbindung etabliert war. Durch die intensive Nutzung von Social Media erlebt das klassische Empfehlungsmarketing mit dem Influencer Marketing eine Neuorientierung als digitale Mundpropaganda oder Word of Mouth Marketing.

Für Unternehmen ist es von großem Nutzen, wenn Informationen über ihre Produkte oder Dienstleistungen durch Netzwerkmitglieder untereinander weitergetragen werden (Homburg 2017, S. 812 ff.). Die Anfänge der Zusammenarbeit mit Influencern beruhten darauf, dass reichweitenstarken Bloggern unaufgefordert Produkte zugeschickt und als Gegenleistung (Reziprozität, siehe Abschn. 1.2) eine positive Berichterstattung erhofft wurde (Faltl und Freese 2017). Eine vorherige Absprache fand nicht statt, das Unternehmen war von der (positiven) Reaktion des Influencers abhängig (Faltl und Freese 2017). Das Spektrum der Reaktionen reichte von der Ignorierung der Anfrage über eine unreflektierte Wiedergabe des vom Unternehmen vorformulierten Textes bis hin zur negativen Kommentierung. Eine zielgerichtete Steuerung der Kommunikation lag diesen Aktivitäten nicht zugrunde, auch wenn dies heute noch von Unternehmen im Umgang mit Micro Influencern praktiziert wird (Faltl und Freese 2017). Das Risiko ist groß, da es aufgrund mangelnder Absprachen und nicht aktivierter Reziprozität zu einer kritischen Bewertung kommen kann. Dies konterkariert die Absicht des Unternehmens, insbesondere vor dem Hintergrund, dass negativer Mund-zu-Mund-Propaganda ein stärkerer meinungsbildender Einfluss als positiven Äußerungen zugesprochen wird (Kroeber-Riel und Gröppel-Klein 2013, S. 598). Ein zielgerichteter Einsatz des Influencer Marketings basiert auf einer bewussten Planung und geht damit weit über das ungefragte Zusenden von Produkten hinaus. Unternehmen bemühen sich nun umso mehr, langfristige Beziehungen mit relevanten Influencern aufzubauen (Faltl und Freese 2017).

Der positive Effekt des Influencer Marketings besteht darin, dass nicht das Unternehmen, sondern der Influencer Absender einer Werbebotschaft ist. Er ist der Mittler zwischen Unternehmen und Zielgruppe. Dadurch sieht die Community die Botschaft nicht als direkte Werbung, sondern vielmehr als Empfehlung eines neutralen Dritten. Das Unternehmen rückt in den Hintergrund und kann die Kommunikation mit und innerhalb der Zielgruppe nicht mehr steuern. Der Dialog über Marken und Produkte erfolgt zwischen Influencer und Community. Lob und Kritik wird direkt an den Influencer adressiert und über ihn erhält das Unternehmen eine Rückkopplung von der Zielgruppe.

Der Begriff Influencer Marketing bestimmt sich aus einer Inhalts- und einer Organisationsperspektive. Aus der **Inhaltsperspektive** ist das Influencer Marketing ein neuer Baustein des Onlinemarketings und dort im Bereich des Social Media Marketings verortet. Das Influencer Marketing ist die Durchführung von Werbekampagnen, die durch einen Influencer zur Erreichung präziser Kampagnenziele gestaltet und gestreut werden. Der gezielte Einsatz des Influencer Marketings durch Unternehmen impliziert natürlich die Kommunikation positiver Botschaften, dafür bedarf es aus der **Organisationsperspektive** der Planung, Steuerung und Kontrolle der Zusammenarbeit zwischen Influencer und Unternehmen. Aus der Zusammenführung der Inhalts- und Organisationsperspektive lässt sich folgende Definition ableiten:

> **Influencer Marketing**
>
> Influencer Marketing ist die Planung, Steuerung und Kontrolle des gezielten Einsatzes von Social-Media-Meinungsführern und -Multiplikatoren, um durch deren Empfehlungen die Wertigkeit von Markenbotschaften zu steigern und das Kaufverhalten der Zielgruppe positiv zu beeinflussen.

3.2   Einsatzmöglichkeiten und Potenziale

Inhalte und Botschaften werden nicht nur durch die Influencer gestreut. Auch ihre Community sorgt für eine Verbreitung in Social Media, wenn sie den Content des Influencers als weiterempfehlenswert erachtet. Diese viralen Effekte sind für Unternehmen wie auch Influencer gleichermaßen wichtig, da sie einen Ausbau der Reichweite befördern.

> **Viralität**
>
> Das gezielte Auslösen von Mundpropaganda (Word of Mouth) durch die Streuung von hochwertigem Inhalt, der von den Empfängern aufgrund der subjektiv hoch eingeschätzten Relevanz aus eigenem Antrieb im Freundeskreis weiterverbreitet wird.

Im Kontext des Influencer Marketings drückt der Begriff „viral" aus, dass sich gezielt über Meinungsführer und Multiplikatoren ausgesendete Produktinformationen durch das Weiterleiten und Teilen wie ein Virus epidemisch verbreiten (Kreutzer 2013, S. 379 f.). Durch die hohe Eigendynamik der viralen Verbreitung kommt es zu einem schnellen und auch kosteneffizienten Auf- und Ausbau von Bekanntheit. Zur Auslösung dieser Effekte muss der Influencer Sorge tragen, dass seine Art der informativen und gleichwohl unterhaltenden Inhaltsdarstellung nicht nur seine etablierte Community begeistert, sondern diese auch zum viralen Weiterleiten der Botschaften bewegt. Gerade Influencer sind durch ihr intuitives Verständnis für die sozialen Netzwerke prädestiniert, eine virale Verbreitung zu initiieren, indem sie einen Informationsmehrwert mit Anreizen zur Weiterleitung koppeln (Kreutzer 2013, S. 380). Insbesondere prominente Influencer mit hoher Popularität können mit ihren Posts eine weit über die avisierte Zielgruppe hinausgehende Viralität auslösen. Diese „Mundpropaganda" oder **„Word of Mouth"** erhält somit durch die Empfehlungen über Social Media als **digitale Mundpropaganda** eine neue Dimension, da es gelingen kann, über Glaubwürdigkeit und Authentizität in kurzer Zeit eine Vielzahl an Personen zu erreichen (Hettler 2010, S. 77).

In einigen Branchen haben Influencer bereits heute mit ihren Empfehlungen einen signifikanten Einfluss auf die Vermarktung von Produkten und Dienstleistungen. Dies betrifft insbesondere den Fashion- und Beauty-Bereich, aber auch Lifestyle, Reisen, Fitness und Food. Die Art und Weise der Zusammenarbeit von Unternehmen mit Influencern variiert dabei nach Land und Branche. Insbesondere in der Mode haben Influencer die Produktvermarktung nachhaltig verändert. Es sind nicht mehr primär die hochpreisigen Fashionmagazine sondern reichweitenstarke Modeblogger, die mit ihrem Style Fans inspirieren und mit direkten Kaufempfehlungen eine hohe Nachfrage auslösen. Prominente Modeblogger werden von Modedesignern hofiert, um Kollektionen zu bewerten oder kreieren eigene Produktserien. Als Meinungsbildner und Trendsetter werden sie weltweit zu den wichtigsten Modeschauen eingeladen und sitzen dort exponiert in der ersten Reihe neben Modedesignern, Chefredakteuren der Modemagazine und prominenten Ehrengästen.

Im Bereich Beauty und Kosmetik sind eine Vielzahl an sehr jungen Influencern tätig, die vor allem die Gen Z (Abschn. 2.4) ansprechen, die sehr empfänglich auf Video-Tutorials mit Produktanpreisungen reagiert. Auch hier kommt es bei Produktempfehlungen zu hoher Nachfrage bis hin zum schnellen Ausverkauf der Produkte, insbesondere dann, wenn das Angebot limitiert ist. Kochshows, die sich im TV einer großen Beliebtheit erfreuen, finden in Social Media ein Pendant in Food-Bloggern, die zwar keine prominenten Sterneköche sind, aber mit viel Begeisterung und Enthusiasmus gerade durch das Bild- und Videoformat eine große Fangemeinde aufgebaut haben. Eigenkreierte Rezepte werden zubereitet, die Zutaten zum Nachkochen werden teilweise im eigenen Onlineshop angeboten.

Beispiel „Sallys Welt"

Die Influencerin Saliha Sally betreibt unter dem Label „Sallys Welt" bei YouTube einen Koch- und Back-Channel (https://www.youtube.com/user/sallystortenwelt) mit 1,2 Mio. Abonnenten (Stand 05.04.2018). Neben Kooperationen mit Küchengeräteherstellern und Unternehmen der Nahrungsmittelindustrie betreibt sie ihren eigenen Onlineshop (https://sallys-shop.de/), in dem Back- und Kochzubehör, Küchengeräte und Küchenutensilien, Kochbücher und Zutaten vermarktet werden.

Auch bei der Vermarktung von Dienstleistungen spielen Influencer eine bedeutende Rolle. Die Immaterialität der Dienstleistung erschwert vorab eine Qualitätsbeurteilung und bedeutet bei hochpreisigen Dienstleistungen wie bspw. Reisen ein hohes Kaufrisiko (Homburg 2017, S. 979). Durch Erfahrungsberichte aus der Inanspruchnahme einer Dienstleistung wird diese insbesondere durch die Kombination von Text, Bild und Video erlebbar gemacht. Anstatt der typischen Vorher-Nachher-Gegenüberstellung aus der Anzeigenwerbung (Homburg 2017, S. 997) kann über Video- und Fotostrecken der Prozess der Dienstleistungserstellung anschaulich dokumentiert werden. Insbesondere die Touristikbranche profitiert von der Zusammenarbeit mit Reisebloggern.

3.3   Roadmap für die Implementierung des Influencer Marketings im Unternehmen

Das Influencer Marketing ist für viele Unternehmen noch ein Instrument mit vielen Fragezeichen. Der Aufbau von Kompetenz zur zielgerichteten Steuerung der Aktivitäten muss daher strukturiert und systematisch angegangen werden. Die erfolgreiche Integration und Umsetzung des Influencer Marketings erfordert die Bearbeitung verschiedener Aufgaben, die, wie Abb. 3.1 veranschaulicht, sechs sequenziell zu bearbeitenden Schritten zugeordnet sind.

1. Schritt Zuerst müssen Zielgruppen und Ziele bestimmt werden. Dafür sollte der Status quo der Social-Media-Aktivitäten reflektiert und eine Wettbewerberanalyse durchgeführt werden. Das Influencer Marketing erfordert personelle und finanzielle Ressourcen und muss in den Marketingmix des Unternehmens integriert werden (Kap. 4).

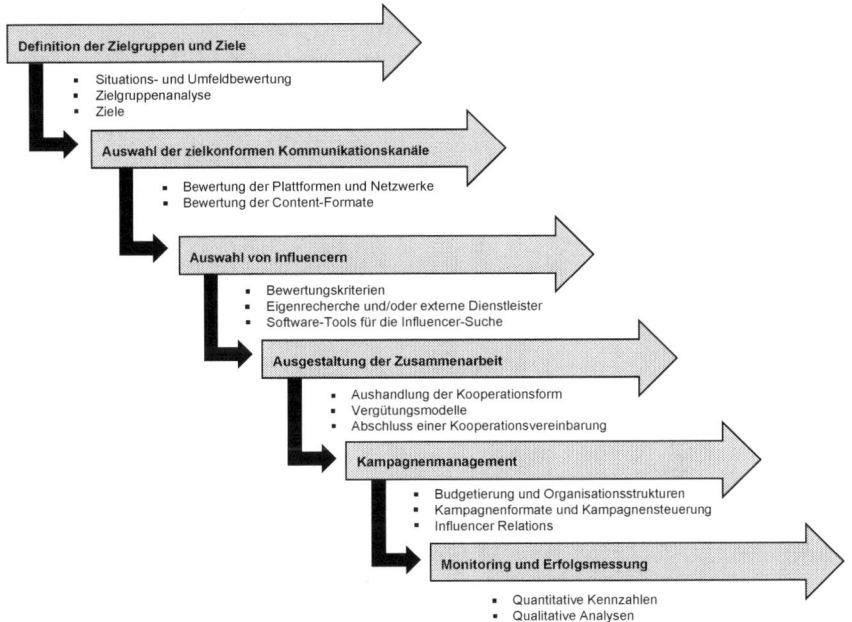

Abb. 3.1 Roadmap Implementierung des Influencer Marketings. (Eigene Darstellung)

2. Schritt Die Kenntnis des Mediennutzungsverhaltens von Netzwerkmitgliedern unterstützt die Auswahl geeigneter Kommunikationskanäle, wo die avisierte Zielgruppe mit möglichst geringen Streuverlusten erreicht werden kann. Diese Auswahl schafft auch eine Präferenz für bestimmte Content-Formate, welche die Kommunikationskanäle unterschiedlich bedienen (Kap. 5).

3. Schritt Dem Auswahlprozess müssen Bewertungskriterien zugrunde gelegt werden. Die Suche nach Influencern kann neben der Eigenrecherche auch mit der Unterstützung externer Dienstleister durchgeführt werden. Softwarebasierte Tools unterstützen dabei die Suche (Kap. 6).

4. Schritt Mit infrage kommenden Influencern muss Kontakt aufgenommen und eine Kooperation ausgehandelt werden. Influencer müssen für eine Zusammenarbeit überzeugt werden, dies betrifft neben dem Mehrwert aus einer Partnerschaft insbesondere die Frage der Vergütung. Rechte und Pflichten beider Partner sollten mit einer Kooperationsvereinbarung schriftlich fixiert werden (Kap. 7).

5. Schritt Für das Kampagnenmanagement müssen Budgets feinjustiert und Organisationsstrukturen für die Steuerung der Zusammenarbeit geschaffen werden. Kampagnen müssen geplant und in Abstimmung mit dem Influencer durchgeführt werden. Die Beziehungen zu aktuellen und potenziellen Influencern sollten auch über das laufende Kampagnenmanagement hinaus gepflegt werden, wenn das Influencer Marketing nachhaltig im Unternehmen etabliert werden soll (Kap. 8).

6. Schritt Die Zusammenarbeit mit Influencern muss sich am Erfolg der Kampagnen messen lassen. Dafür bedarf es eines Monitorings und eines Sets an Kennzahlen, welches zum einen die direkte Auswertung der einzelnen Kampagnen ermöglicht, zum anderen auch der Steuerung des Influencer Marketings als Marketinginstrument dient (Kap. 9).

Wenden wir uns nun dem ersten Schritt zu, der die Basis und das Rahmengerüst für die weitere Ausgestaltung des Influencer Marketings darstellt und zwingend den Ausgangspunkt ihrer künftigen Influencer-Marketing-Aktivitäten bilden muss: Die Definition der Zielgruppen und Ziele.

Ihr Transfer in die Praxis
- Reflektieren Sie, ob in Ihrer Branche ein Potenzial für die Zusammenarbeit mit Influencern vorhanden ist.
- Überlegen Sie, welche Einsatzmöglichkeiten sich Ihrem Unternehmen bieten.

Literatur

Faltl, M., & Freese, J. (2017). Influencer Marketing-Evolution, Chancen und Herausforderungen der neuen Komponente im Kommunikationsmix. http://gfm.ch/wp-content/uploads/2017/08/GfM_Forschungsbroschuere_04_17.pdf. Zugegriffen: 29. März 2018.

Hettler, U. (2010). *Social Media Marketing*. München: Oldenbourg.

Homburg, C. (2017). *Marketingmanagement*. Wiesbaden: Springer Gabler.

Kreutzer, R. (2013). *Praxisorientiertes Marketing*. Wiesbaden: Springer Fachmedien.

Kroeber-Riel, W., & Gröppel-Klein, A. (2013). *Konsumentenverhalten*. München: Vahlen.

4

Erster Schritt: Definition der Zielgruppen und Ziele

Was Sie aus diesem Kapitel mitnehmen

- Dass der Einsatz von Influencern voraussetzt, dass Ihre Zielgruppe über Social Media erreichbar und ansprechbar ist.
- Dass Sie das Onlinemediennutzungsverhalten Ihrer Zielgruppe analysieren müssen.
- Wie der Überblick über die Aktivitäten Ihrer Wettbewerber die Bestimmung realistischer Ziele unterstützt.
- Welche Ziele mit dem Einsatz von Influencern verbunden werden können.
- Wie das Influencer Marketing in den Gesamtmarketingmix integriert werden kann.

Jede unternehmerische Entscheidung bedarf einer intensiven Auseinandersetzung mit den Zielen und Zielgruppen. Ihr Unternehmen muss sich klar darüber werden, was durch den Einsatz von Influencern erreicht werden kann und soll. Eine eindeutige Formulierung der Ziele erleichtert es, in den Abstimmungen mit Influencern eine präzise Erwartungshaltung zum Ausdruck zu bringen.

Mit der Analyse der Ausgangsposition wird die Grundlage für die Ableitung der Marketingziele geschaffen (Meffert et al. 2015, S. 226). Eine Analyse des Status quo und des Umfeldes sowie eine

© Springer Fachmedien Wiesbaden GmbH, ein Teil von Springer Nature 2018
F. Deges, *Quick Guide Influencer Marketing*, Quick Guide,
https://doi.org/10.1007/978-3-658-22163-8_4

Auseinandersetzung mit dem Onlinemediennutzungsverhalten der Zielgruppe schafft die notwendige Transparenz für die sachliche Bewertung der Ausgangslage und der Bestimmung des Machbaren. Als neuer Baustein neben anderen Vermarktungsinstrumenten muss das Influencer Marketing in die Marketingstrategie des Unternehmens eingegliedert werden, damit sich verschiedene Marketingkampagnen nicht konterkarieren, sondern inhaltlich und zeitlich synchronisiert durchgeführt werden.

4.1   Situations- und Umfeldbewertung

Verschaffen Sie sich zunächst einen Überblick über die Lage in Ihrem Unternehmen und in Ihrem Wettbewerbsumfeld. Ein etabliertes Instrument ist die **SWOT-Analyse,** die eine strukturierte Vorgehensweise bietet, um sich seiner Stärken und Schwächen bewusst zu werden sowie im externen Umfeld Chancen und Risiken zu erkennen (Meffert et al. 2015, S. 221). Die SWOT-Analyse als Instrument der strategischen Planung unterstützt die Zielfindung, indem Strategieoptionen und Handlungsfelder abgeleitet werden können (Meffert et al. 2015, S. 224 ff.).

Das Influencer Marketing soll ein neuer Baustein Ihrer Social-Media-Aktivitäten werden. Daher sollte sich die interne Bestandsaufnahme auf die Analyse ihrer bisherigen Aktivitäten im Onlinemarketing, insbesondere Social Media, fokussieren. Bewerten Sie den Erfolg ihrer Social-Media-Aktivitäten im Rahmen Ihrer Gesamtvermarktungsstrategie.

Fragen zur Reflexion des Status quo im Unternehmen

- Auf welchen Social-Media-Plattformen sind Sie aktiv und erreichen Sie dort Ihre Ziele?
- Wie erfolgreich waren Ihre bisherigen Social-Media-Werbekampagnen?
- Erreichen Sie über Ihre Social-Media-Accounts Ihre relevante Zielgruppe?
- Sind Sie mit der Reichweite und den Interaktionsraten zufrieden?
- Erkennen Sie Schwächen in Ihren bisherigen Aktivitäten?

Auf die Identifizierung und Bewertung der Schwächen sollte ein besonderes Augenmerk gelegt werden. Denn hier kristallisieren sich Ansatzpunkte heraus, wo und wie durch den Einsatz von Influencern neue Impulse in der Zielgruppenansprache gesetzt werden können. Des Weiteren sollte im Internet recherchiert werden, wo und wie außerhalb Ihrer eigenen Accounts über Ihr Unternehmen und Ihre Marke in sozialen Netzwerken diskutiert wird. Lassen sich Personen identifizieren, die von sich aus über Ihr Unternehmen berichten und sich als Fan Ihres Unternehmens, Ihrer Marke und Ihrer Produkte präsentieren? Die Art und Weise, wie über Ihr Unternehmen positiv und/oder negativ gesprochen wird, zeigt Ansatzpunkte auf, an die sich die Zielbestimmung orientieren kann.

Die **Wettbewerberanalyse** hat das Ziel, die Aktivitäten Ihrer Konkurrenten zu bewerten. Mit einer Internetrecherche gewinnen Sie einen Überblick über deren Influencer Kampagnen. Artikel in Fachzeitschriften, Case Studies oder Success Storys von Influencer-Marketing-Agenturen unterstützen Ihre Meinungsbildung. Best Practices werden erkannt und können die Ausgestaltung eigener Influencer-Kampagnen anregen. Wertvoller Input lässt sich auch aus weniger erfolgreichen Wettbewerberkampagnen ziehen, um später offenkundige Fehler zu vermeiden.

Aus einer Wettbewerberanalyse ziehen Sie zwei Vorteile. Die Bewertung der Wettbewerberkampagnen erlaubt Ihnen, Rückschlüsse auf deren Influencer-Marketing-Strategie zu ziehen und darüber hinaus ein Bild zu zeichnen, wie Influencer Marketing in Ihrer Branche bereits zum Einsatz kommt. Des Weiteren hilft es Ihnen bei der Ableitung der Ziele. Zum einen können erfolgreiche Kampagnenformate auf das eigene Unternehmen adaptiert werden, zum anderen kann der Anspruch nach Abgrenzung und Differenzierung vom Wettbewerb die Zielbildung prägen. Achten Sie auch auf erfolgreiche branchenfremde Kampagnen, daraus lassen sich ebenfalls Ideen und Impulse für die Ausgestaltung der eigenen Kampagnen generieren.

Die Wettbewerberanalyse kann aufzeigen, dass in Ihrer Branche eine Zusammenarbeit mit Influencern noch nicht ausgeprägt ist. Dann könnten Sie eine Vorreiterrolle einnehmen. Aber auch bei einer bereits bestehenden Zusammenarbeit der Wettbewerber mit Influencern besteht Handlungsdruck, um mit dem Einsatz von Influencern der Konkurrenz auf gleichem Terrain zu begegnen.

4.2   Zielgruppenanalyse mit Fokus Social-Media-Affinität

Sollten Sie nun zuerst die Ziele und danach die Zielgruppen definieren? Die Bestimmung der Ziele bildet meistens den Ausgangspunkt, den Orientierungsrahmen für die Ausgestaltung einer Strategie. Im Influencer Marketing sind die Ziele jedoch davon abhängig, ob Ihre avisierte Zielgruppe überhaupt über Social-Media-Kanäle erreichbar ist und wenn ja, wie deren Onlinemediennutzungsverhalten geprägt ist. Denn wenn Sie bspw. eine ältere Zielgruppe mit geringer Social-Media-Affinität adressieren, dann sind gegebenenfalls klassische Werbeformate eher geeignet. Möchten Sie aber über eine innovative Ansprache neue Zielgruppen, insbesondere digitalaffine Jugendliche und jüngere Konsumenten erschließen, so kann der Einsatz von Influencern das ideale Instrument sein.

Sie kennen natürlich Ihre Kunden, haben diese nach soziodemografischen und psychografischen Merkmalen segmentiert und werten regelmäßig deren Kaufverhalten aus. Aber haben Sie Ihre Kunden- und Zielgruppensegmentierung auch mit Fokus auf deren Social-Media-Affinität und Onlinemediennutzungsverhalten hinterfragt? Dabei geht es in Bezug auf Influencer Marketing um die Analyse der Gewohnheiten der Zielgruppe in Bezug auf Social Media (Lammenett 2017, S. 368).

Mittels einer **Kundenbefragung** schaffen Sie Transparenz. Sie können herausfinden, welche Social-Media-Kanäle genutzt werden und was Ihre Zielgruppe dort erwartet. Sie können erfragen, woher kaufentscheidungsrelevante Informationen bezogen werden und welche Art von Empfehlungen relevant ist. Die Durchführung einer Kundenbefragung ist zwar mit personellem Ressourceneinsatz verbunden, solche Umfragen können aber kostengünstig und zeiteffizient über Onlinemarktforschungstools durchgeführt werden. Ein hoher Rücklauf bei einer onlinebasierten Befragung zeigt schon die Aufgeschlossenheit Ihrer Kunden für eine Ansprache über Onlinemedien. Sie erfahren, wo, wie und wann Ihre Zielgruppe am besten über Social Media zu erreichen ist. Die Frage nach den Informationsbedürfnissen gibt Hinweise auf zielgruppenadäquate Content-Formate, die entweder besser durch einen Influencer bedient werden oder auch von Ihnen selber kreiert und über Ihre eigenen Accounts veröffentlicht werden können.

> Egal ob Sie sich interner Analysen oder externer Studien bedienen: Zeigt Ihre avisierte Zielgruppe kein ausgeprägtes Onlinemediennutzungsverhalten, dann macht es wenig Sinn, über Influencer-Kampagnen nachzudenken.

Externe Studien können das so gewonnene Bild abrunden und ergänzen. Bedienen kann man sich dabei Studien, welche die Mediennutzung mithilfe der Generationenkonzepte (siehe Abschn. 4.2) thematisieren. Insbesondere Langzeitstudien liefern wertvolle Erkenntnisse für Veränderungen im Mediennutzungsverhalten der Zielgruppen.

> **(Langzeit-)Studien zum Onlinemediennutzungsverhalten**
>
> Die ARD/ZDF-Onlinestudie ermittelt im Auftrag der ARD/ZDF-Medienkonsum seit 1997 mit einer für die deutschsprachige Bevölkerung repräsentativen Studie Daten zur Internetnutzung in Deutschland (http://www.ard-zdf-onlinestudie.de/).
> Die Studienreihe JIM: „Jugend, Information und (Multi-)Media" des Medienpädagogischen Forschungsverbund Südwest erfasst alljährlich seit 1998 Informationen zum Mediennutzungsverhalten von Jugendlichen im Alter von 12–19 Jahren (https://www.mpfs.de/studien/).

Auswertungen Ihrer eigenbetriebenen Social-Media-Accounts liefern Erkenntnisse über die Fans/Follower, die Ihren Unternehmensauftritten folgen. So lässt sich über Facebook Insights, Instagram Analytics oder YouTube Analytics relativ einfach und schnell die Struktur der Fans/Follower nach soziodemografischen Merkmalen klassifizieren. Hier können sich Unterschiede in Ihrer Zielgruppenerreichung bei verschiedenen sozialen Netzwerken zeigen. Denn wichtig ist es für die spätere Ausgestaltung der Kampagnen, dass die Ansprache über die jeweiligen Kommunikationskanäle auf das Onlinemediennutzungsverhalten der Zielgruppe angepasst ist.

4.3 Bestimmung der Ziele

Die Ziele bilden den Ausgangspunkt für die Planung, Steuerung und Koordination aller Aktivitäten des Influencer Marketings. Sie determinieren die anzustrebenden Sollzustände, die mit dem Einsatz von Marketinginstrumenten realisiert werden sollen (Becker 2013, S. 61). Während **marktökonomische Ziele** an Outputgrößen wie Absatz und Umsatz durch unmittelbar registrierbare Marktergebnisse gemessen werden können, fokussieren sich **marktpsychologische Ziele** auf Einstellungs- und Verhaltensänderungen von Zielpersonen (Becker 2013, S. 63). Diese unterstützen und fördern indirekt die Erreichung marktökonomischer Ziele. Die Steigerung der Markenbekanntheit oder die Beeinflussung des Markenimages als marktpsychologische Ziele wird in aller Regel auch einen erhöhten Produktabsatz als ökonomischen Erfolg ausweisen (Becker 2013, S. 64). Influencer können mit ihren Kampagnen sowohl die marktökonomischen als auch die marktpsychologischen Ziele des Unternehmens bedienen.

Das primäre marktökonomische Ziel ist eine **Umsatz-/Absatzsteigerung.** Empfiehlt der Influencer ein Produkt, so kann sich dies in zeitlich enger Relation zur Veröffentlichung des Posts in einem Anstieg der Besucherzahlen und einer höheren Conversion Rate im Onlineshop niederschlagen. Geht es um die Absatzförderung von Dienstleistungen, so kann die direkte Vermittlung von Leads in einer gesteigerten Inanspruchnahme von Beratungsangeboten (z. B. bei Versicherungen, Geldanlagen oder Reisen) über Call-To-Actions gemessen werden.

Call-To-Action

Call-To-Action (CTA) ist eine prägnant formulierte Handlungsaufforderung, die zu einer sofortigen Reaktion innerhalb einer Marketingkampagne führen soll. Im Onlinemarketing werden Internetnutzer über Call-To-Action-Buttons auf eine für die Durchführung der Aktion hinterlegte Website oder Webanwendung weitergeleitet.

Call-To-Action-Buttons schaffen mit Formulierungen wie „Jetzt kaufen" oder „Sofort registrieren" Transparenz über den nächsten Klick und heben den Nutzen hervor, der durch die Aktivierung des Buttons ausgelöst wird. Ein direkter Einfluss auf die Absatz-/Umsatzsteigerung kann über den Aufruf eines Affiliate-Links oder eingelöste Rabatt- oder Promotion-Codes nachgewiesen werden. Sind solche Codes längerfristig mit der Influencer-Kampagne verknüpft, so lässt sich belegen, ob ein Produktkauf auch zu einem späteren Zeitpunkt noch vom Influencer initiiert wurde. Rabatte und Promotions sind besonders für Impulskäufe geeignet, ein zeitlich begrenzter Preisvorteil schafft einen kurzfristigen Kaufanreiz.

Affiliate-Link

Ein Affiliate-Link ist eine direkte Weiterleitung zu einer Zielseite, die mit dem einfachen Klick auf den Link eigenständig ausgelöst wird. Der Link enthält einen speziellen Code, der nachweist, durch wen die Weiterleitung auf die Zielseite vermittelt wurde. Im Unterschied zu Call-To-Action ist der Hinweis, was auf der Zielseite zu erwarten ist, in den auf den Affiliate-Link hinführenden Text des Posts zu integrieren.

Der **Bekanntheitsgrad** von Marken oder Produkten kann über die Reichweite der Influencer gesteigert werden. Die Zusammenarbeit mit reichweitenstarken Influencern kann für junge Unternehmen interessant sein, die ein neues Produkt ohne den Einsatz klassischer Werbeformate wie TV-Werbung auf den Markt bringen. Influencer können mit einer viralen Verbreitung für eine schnelle Bekanntheit sorgen. Umsatz-/Absatzsteigerung und Markenbekanntheit stehen im Zusammenhang. Durch die erhöhte Sichtbarkeit und Wahrnehmung der Marke wird der Absatz gefördert und Umsatz generiert. Dies kann sowohl Erstkäufer als auch Folgekäufer ansprechen. Empfehlungen der Influencer bewirken bei potenziellen Kunden einen Initialeffekt, indem sie den Erstkauf eines Produktes auslösen und bei bestehenden Kunden einen Verstärkereffekt, indem bereits erlebte positive Erfahrungen eine Bestätigung finden (Helm 2013, S. 142 ff.). Die Steigerung der Markenbekanntheit unterstützt somit auch das Ziel der **Neukundengewinnung und Kundenbindung.** Über Influencer wird eine jüngere Zielgruppe angesprochen, die das Unternehmen gegebenenfalls über andere Werbeträger nicht erreicht, aber über Social Media als neue Kunden gewinnen kann.

Über die Marken- und Produktinszenierung kann die **Markenbindung** gestärkt werden, insbesondere dann, wenn die Fans eine emotionale Nähe zum Influencer aufgebaut haben. Die Kommunikation werthaltiger Markenbotschaften in zielgruppengerechter Sprache sorgt für eine erhöhte **Wahrnehmung der Marke.** Influencer können somit zu einer Verstärkung der Marketingbotschaft des Unternehmens beitragen, da eine geringer wahrgenommene Aufdringlichkeit der Informationsdarstellung zu einem potenziell größeren Marketingerfolg führt (Ahlf 2013, S. 281).

Mit dem Einsatz der Influencer kann ein **Image- und Reputationsgewinn** durch die Steigerung der Glaubwürdigkeit des Unternehmens und die Stärkung des Vertrauens in das Produkt- und Leistungsangebot angestrebt werden. Durch die Kooperation mit einem jungen Influencer kann mit einem Imagetransfer die Marke verjüngt oder ein schlechtes Image durch die Überzeugungskraft des Influencers wieder positiv aufgeladen werden.

> Definieren Sie präzise und operativ messbare Ziele, um gegenüber dem Influencer eine klare Erwartungshaltung für die Zusammenarbeit formulieren zu können.

4.4 Integration des Influencer Marketings in den Marketingmix

Das Influencer Marketing als ein neues Element Ihrer Marketingstrategie muss in den Gesamtmarketingmix integriert werden. Dies gilt insbesondere dann, wenn es nicht als einmalige Maßnahme sondern als langfristiges Instrument Ihr Marketing bereichern soll. Das Influencer Marketing muss im Kontext mit den anderen Online- und Offlinemarketingaktivitäten in eine integrierte Gesamtplanung zusammengeführt werden. Dabei geht es auch um die Entscheidung, welche Bedeutung dem Influencer Marketing zukommen soll. Geht es eher um ergänzende, flankierende Maßnahmen im Rahmen der Social-Media-Marketingstrategie des Unternehmens oder steht das Influencer Marketing für ein neues eigenständiges Instrument.

Diese Einordnung wirkt sich auf die Allokation finanzieller und personeller Ressourcen im Marketingbudget aus. Tab. 4.1 zeigt die drei grundsätzlichen Optionen, die sich für die Integration des Influencer Marketings ableiten lassen.

In der Mediastrategie kann das Influencer Marketing zu einer Um- bzw. Neuorientierung des Einsatzes von Werbeformaten führen.

Tab. 4.1 Optionen für die Integration des Influencer Marketings in den Marketingmix. (Eigene Darstellung)

Komplementäre Integration	Substitutive Integration	Additive Integration
Influencer Marketing als ergänzender, der Social-Media-Marketingstrategie untergeordneter Baustein	Andere Marketingaktivitäten werden zurückgefahren und durch Influencer Marketing ersetzt	Influencer Marketing als eigenständiger Baustein im Gesamtmarketingmix
Das bestehende Social-Media-Budget wird umverteilt	Die freiwerdenden Ressourcen werden bei insgesamt gleichbleibendem Gesamtmarketingbudget dem Influencer Marketing zugewiesen	Ein zusätzliches Marketingbudget wird bereitgestellt. Das Gesamtmarketingbudget wird aufgestockt

Wenn Ihre jungen Zielgruppen über klassische Medien wie TV, Radio oder Print kaum noch erreichbar sind, so ist es eine Option, den Medieneinsatz in Richtung Social Media neu zu gewichten. Warum sollten Sie weiterhin Anzeigen in Special-Interest-Zeitschriften schalten, wenn ein Influencer das Themengebiet dieser Zeitschrift mit höherer Reichweite und Resonanz kostengünstiger mit seinem Account abdeckt. Kostenintensive TV-Werbung kann runtergeschaltet werden, um Angebote für sehr junge Zielgruppen besser über Videoformate mit YouTubern zu streuen.

Ihr Transfer in die Praxis
- Führen Sie eine Analyse des Status quo und des Umfeldes durch.
- Analysieren Sie Ihre Zielgruppe mit Fokus auf deren Onlinemediennutzungsverhalten.
- Überlegen Sie, welche Option sich für die Integration des Influencer Marketings in Ihrem Unternehmen anbietet.

Literatur

Ahlf, H. (2013). Identifikation von Influentials in virtuellen sozialen Netzwerken: Eine agentenbasierte Modellierung und Simulation sozialer Beeinflussungsprozesse. https://duepublico.uni-duisburg-essen.de/servlets/DerivateServlet/Derivate-33321/Ahlf_Diss.pdf. Zugegriffen: 29. März 2018.

Becker, J. (2013). *Marketing-Konzeption. Grundlagen des zielstrategischen und operativen Marketing-Managements.* München: Vahlen.

Helm, S. (2013). Kundenbindung und Kundenempfehlungen. In M. Bruhn & C. Homburg (Hrsg.), *Handbuch Kundenbindungsmanagement* (S. 136–154). Wiesbaden: Springer.

Lammenett, E. (2017). *Praxiswissen Online-Marketing.* Wiesbaden: Springer Gabler.

Meffert, H., Burmann, C., & Kirchgeorg, M. (2015). *Marketing. Grundlagen marktorientierter Unternehmensführung.* Wiesbaden: Springer Gabler.

5

Zweiter Schritt: Auswahl der zielkonformen Kommunikationskanäle

Was Sie aus diesem Kapitel mitnehmen

- Wie die verschiedenen Social-Media-Kommunikationskanäle hinsichtlich ihrer Eignung für Influencer-Kampagnen einzuordnen und zu bewerten sind.
- Welche vielschichtigen Content-Formate von Influencern bedient werden.
- Warum die Transparenz über Kommunikationskanäle und Content-Formate eine notwendige Basis für die Eingrenzung infrage kommender Influencer darstellt.

Botschaften müssen mit der vom Anbieter gewünschten Wirkung an den Empfänger herangetragen werden (Meffert et al. 2015, S. 713). Influencer erzielen diese Wirkung, indem sie Content passend zu den von ihnen bespielten Accounts und den Erwartungen ihrer Community kreieren und streuen. Die sozialen Netzwerke sind die Kommunikationskanäle, deren Eignung zum Transport bestimmter Botschaften ist abhängig vom Content-Format, welches sie vorrangig unterstützen. Die Werbebotschaft muss somit kanal- und zielgruppenadäquat gestaltet werden (Meffert et al. 2015, S. 717). Damit ist die

© Springer Fachmedien Wiesbaden GmbH, ein Teil von Springer Nature 2018
F. Deges, *Quick Guide Influencer Marketing*, Quick Guide,
https://doi.org/10.1007/978-3-658-22163-8_5

Frage der Auswahl geeigneter Kommunikationskanäle eng mit den dazu passenden Content-Formaten und deren Wirkung verbunden (siehe Abschn. 5.2).

5.1   Bewertung der Influencer-Plattformen

Alle Social-Media-Plattformen haben spezifische Besonderheiten und Funktionen. Die soziodemografische Struktur der Netzwerkmitglieder variiert je nach Plattform, ebenso wie das Verhältnis an aktiven und passiven Nutzern. Dies führt zu der Frage, auf welchen Social-Media-Plattformen ihre Zielgruppe am besten zu erreichen ist. Social-Media-Plattformen unterscheiden sich hinsichtlich der bevorzugt zu bespielenden Content-Formate, der begrenzten zeitlichen Sichtbarkeit von Beiträgen wie die sog. Stories bei Facebook, Instagram und Snapchat sowie im Endgerätezugriff. Die App-basierten Plattformen Instagram und Snapchat sprechen vor allem die mobilaffinen jungen Internetnutzer an. Mit einer Quote von 97 % besitzt praktisch jeder 12–19-Jährige ein eigenes Mobiltelefon (Feierabend et al. 2016, S. 587). Da 9 von 10 Jugendlichen mit dem Smartphone online gehen, sind diese prädestiniert für die mobile Ansprache (Feierabend et al. 2016, S. 590). Die etablierten Netzwerke wie Facebook, YouTube und Instagram sind beliebte Influencer-Plattformen, Pinterest und Snapchat als relativ junge Netzwerke sind eher noch in einer Influencer-Erprobungs- bzw. Etablierungsphase zu verorten. Social Media wird überdurchschnittlich von jungen Zielgruppen zwischen 14 und 29 Jahren genutzt (Tippelt und Kupferschmitt 2015, S. 444). Für diese sind YouTube, Snapchat und Instagram die wichtigsten Plattformen, Instagram und Snapchat sind vor allem eine Domäne der Teenager (Koch und Frees 2017, S. 445).

Die Soziodemografie und das Mediennutzungsverhalten der avisierten Zielgruppe determinieren den zu bespielenden Kommunikationskanal. Die Auswahl des Kommunikationskanals determiniert das aufzubereitende Content-Format.

In der folgenden Bewertung der wichtigsten Plattfomen und Netzwerke liegt das Augenmerk auf deren Influencer-Potenzial.

Influencer-Potenzial YouTube

Die 2005 in den USA gegründete Videosharing-Plattform hat eine Milliarde Nutzer und avanciert bei jüngeren Zielgruppen zunehmend zur TV-Alternative. Insgesamt 51 % der 14- bis 29-Jährigen nutzen YouTube täglich (Kupferschmitt 2017, S. 449 f.). Hochgeladene Videos können kommentiert, bewertet, mit anderen geteilt und weitergeleitet werden (Hettler 2010, S. 63). Dadurch hat YouTube eine hohe virale Kraft, die das schnelle Verbreiten von Videos fördert. Auf YouTube ist das Influencer Marketing am weitesten professionalisiert. Auch die YouTube Influencer sind häufig junge Menschen. Insbesondere die jüngeren Vertreter der Gen Z sind experimentierfreudig, neugierig und sehr empfänglich für die Empfehlungen ihrer Idole. Es sind vor allem die Kosmetikhersteller, die von der Produktvermarktung auf YouTube profitieren. Videos vermitteln auf sehr anschauliche Weise, wie ein Kosmetikprodukt richtig angewendet wird. Viele der bekannten Beauty Influencer sind Anfang bis Mitte Zwanzig und haben häufig mehr Abonnenten als die Kosmetikhersteller mit ihren eigenen Kanälen. Bei weiblichen Teens und Twens sind Beauty Influencer mit ihren Make-up-Tutorials sehr beliebt (Feierabend et al. 2016, S. 595).

Influencer-Potenzial Instagram

Die 2010 in den USA gelaunchte und 2012 von Facebook übernommene Foto- und Videosharing-Plattform Instagram kann ausschließlich über eine App und somit nur über mobile Endgeräte genutzt werden. Dies spricht insbesondere mobilaffine sehr junge Zielgruppen an. Sie zeichnet sich durch vielseitige Möglichkeiten der Bildbearbeitung in Form von zahlreichen Effekten und vorgefertigten Filtern aus. Instagram verzeichnet mit 57 % die höchste Rate an regelmäßigen Nutzern zwischen 12 und 19 Jahren (JIM-Studie 2017). Ebenso wie YouTube ist somit Instagram ein geeignetes Medium für die Ansprache den Gen Z. Auf Instagram sind zahlreiche Influencer aktiv. Instagram eignet sich mit seiner Verknüpfung von Bilder und Story Lines besonders für Fashion und Beauty Influencer. Die Hashtag-Funktion dient der Verknüpfung eines Bildes mit einem Wort. Daraufhin ist das Bild unter dem genannten Begriff bzw. dem Hashtag in der Suchfunktion von Instagram auffindbar.

Influencer-Potenzial Facebook

Das 2004 in den USA gegründete Social-Media-Netzwerk ist nach wie vor die reichweitenstärkste und damit auch die beliebteste Plattform weltweit. Facebook verzeichnet über alle Altersgruppen hinweg die höchste Reichweite und Nutzungsintensität (vgl. Tippelt und Kuperschmitt 2015, S. 443 f.) und wird zunehmend von älteren Zielgruppen mit hoher Kaufkraft frequentiert. Für die Gen X (Geburtsjahrgänge 1965–1979) stellt Facebook das bevorzugte Social-Media-Netzwerk dar, während der Anteil der jüngeren Internetnutzer in letzter Zeit deutlich rückläufig ist (JIM-Studie 2017). Facebook wird mit 25 % nur noch von einem Viertel der Jugendlichen (12–19 Jahre) regelmäßig genutzt (JIM-Studie 2017). Facebook profitiert als multifunktionales soziales Netzwerk durch die integrierte Nutzung von Text, Bild und Video in seinem Content-Portfolio (Kupferschmitt 2017, S. 449)

Influencer-Potenzial Snapchat

Snapchat ist ein kostenloser Instant-Messaging Dienst, der 2011 gelauncht wurde. Dieser bietet den Nutzern die Möglichkeit, Fotos und Videos aufzunehmen, diese an Freunde zu verschicken oder als Story zu speichern, welche nur 24 h online ist. Snapchat bedient eine sehr junge Zielgruppe, 49 % der regelmäßigen Nutzer sind zwischen 12 und 19 Jahre alt (JIM-Studie 2017). Snapchat ermöglicht das Versenden von Fotos, Videos und Nachrichten, die sich jedoch nach einem kurzen Zeitraum automatisch löschen. Snapchat bietet ausgefeilte Bild- und Videobearbeitungsoptionen, mit denen die sog. Snaps (Fotos und Videos) verändert und angepasst werden können. Mehrere Snaps können zu sog. Snapchat Stories zusammengestellt werden, die 24 h online verfügbar sind. Snapchat ist für die Zielgruppenansprache sehr junger mobilaffiner Social-Media-Nutzer interessant, diese gelten ebenso wie die Instagram-Nutzer als interaktionsfreudig. Snapchat tut sich (noch) schwer, sich insbesondere in Konkurrenz zu Instagram als Werbeplattform zu etablieren

Influencer-Potenzial Blogs

Weblogs (Kurzform: Blog) sind eine Art Onlinetagebuch mit chronologisch sortierten Beiträgen (Hettler 2010, S. 43). Beiträge in einem Blog sind ähnlich einem redaktionellen Artikel aufgebaut, was durch die Aufmachung des redaktionellen Schemas die Authentizität und Glaubwürdigkeit verstärkt. Ein Blog wird häufig mit Verlinkungen zu weiteren Blogs und Websites versehen, ebenso werden aktuelle Beiträge mit älteren Blogbeiträgen verknüpft. Es gibt weltweit eine Vielzahl an Blogs. Ein hohes Influencer-Potenzial ist insbesondere in den Bereichen Fashion, Beauty, Lifestyle, Travel, Fitness und Food zu verorten. Viele Blogs stehen mittlerweile nicht mehr für sich alleine, sie sind integriert in die sozialen Netzwerke wie Facebook, Twitter, Instagram und YouTube, wo Blogger einen wesentlich größeren Interessenkreis erreichen können als nur über das Bespielen des eigenen Blogs.

Influencer-Potenzial Twitter

Über die 2006 in den USA gelaunchte Microblogging-Plattform können telegrammartige Kurznachrichten in Echtzeit verbreitet werden. Die verbreiteten Kurznachrichten dürfen aus maximal 140 Zeichen bestehen und heißen Tweets. Microblogging eignet sich zur spontanen und vereinfachten Abgabe von Meldungen (Hettler 2010, S. 48). Twitter ist weniger als Hauptkanal, sondern eher als Ergänzungskanal zu weiteren Influencer-Accounts zu sehen. Denn durch die sehr verkürzte Form der Nachrichtenübermittlung ist Twitter für sich alleine gesehen wenig geeignet, um eine inhaltliche Tiefe zu gewährleisten (Hettler 2010, S. 50).

5.2 Bewertung der Influencer-Content-Formate

Influencer Content-Formate können in Video-, Audio-, Bild- und Textformate unterschieden werden. Diese werden häufig kombiniert eingesetzt, bspw. Bild- und Textelemente in einem Post oder Videos sind mit Audio hinterlegt. Der Content kann rein informativ oder unterhaltend bis humoristisch gestaltet sein, häufig findet sich auch ein Mix. Unabhängig ob unterhaltsam oder informativ, der Content

muss Aufmerksamkeit erzeugen, indem er zielgruppenadäquat aufbereitet ist und zum „Teilen" und „Weiterleiten" anregt, damit er
Viralität erzeugt und die Reichweite erhöht. Die Aufmerksamkeit stellt
einen wesentlichen Bestandteil der Wahrnehmungswirkung dar. Ohne
Aufmerksamkeit kann eine Botschaft nicht verarbeitet, gelernt oder
erinnert werden (Meffert et al. 2015, S. 715). Aufmerksamkeit erzielt,
wer sich mit innovativen Formaten vom Gleichklang abhebt und
dadurch Resonanz erzeugt.

> Influencer sind kreativ, wenn es um die Entwicklung neuer Content-
> Formate geht. Nutzen Sie deren Expertise und Erfahrung, gerade wenn es
> darum geht, dass etwas für Sie Neuartiges im Hinblick auf die Präsentation
> Ihrer Marke vorgeschlagen wird.

Die wesentlichen Influencer-Content-Formate werden im Folgenden
erläutert. Das Verständnis der Wirkungsweisen dieser Formate hilft
Ihnen, in Abstimmungsgesprächen mit dem Influencer seine präfe-
rierte Art der Inhaltsdarstellung besser zu verstehen und die verschiedenen Content-Formate auf ihre Eignung für die Visualisierung Ihres
Produktportfolios und die Zielgruppenansprache besser einschätzen zu
können.

5.2.1 Audiovisuelle Formate

Videos erzielen eine höhere und nachhaltigere Aufmerksamkeit als rein
textuelle Beschreibungen. Sie sind universell einsetzbar, denn auch
mit einem rudimentären Sprachverständnis können fremdsprachige
Videobotschaften durch die allgemein verständliche Bewegtbildsprache
rezipiert werden. YouTube, Instagram und auch Facebook eignen
sich besonders für die Streuung von audiovisuellen Formaten. Die
Influencer-Videos werden meistens nicht nach einem Skript mit vorher durchgeplanten Einstellungen oder vorformulierten Dialogen
wie bei einem Drehbuch produziert. Zwar müssen die Produkte und
das Ambiente richtig ausgeleuchtet und diverse Kameraeinstellungen

beachtet werden, jedoch erwartet die Community nicht, dass der Influencer ein professioneller Videoproduzent ist. Gerade die Natürlichkeit, die durch einfach gestaltete Videos transportiert wird, ist wichtiger als Perfektionismus. Dennoch haben sich gerade YouTube Influencer mit der Zeit zu erfahrenen Videoproduzenten entwickelt, sie handeln und bewegen sich vor der Kamera intuitiv und natürlich. Dies ist auch ein Ausdruck der Authentizität ihres Auftrittes. Durch ein Livestreaming interagieren Influencer noch direkter und unmittelbarer mit ihren Fans.

> Beachten Sie, dass Authentizität und Spontanität glaubwürdiger ist als eine perfekt in Szene gesetzte Videoproduktion, so wie sie es aus der Umsetzung von TV-Werbespots her kennen. Legen Sie mehr Wert auf Natürlichkeit als auf Perfektionismus.

Influencer bedienen sich verschiedener Videoformate, die teilweise erst durch sie entwickelt und etabliert wurden. Für Unternehmen ist die Kenntnis der hier vorgestellten beliebtesten Videoformate wichtig, wenn sie mit YouTubern und Instagrammern über Kooperationen sprechen.

Erklärvideo/Tutorial Der Influencer demonstriert und erklärt die Anwendung eines erklärungsbedürftigen Produktes. Tutorials werden bspw. als Anleitungen bei Beauty- und Kosmetikprodukten eingesetzt. So finden sich viele Tutorials mit Anleitungen über Schminktechniken (Schminktutorials). Im Video wird jeder Schritt genau erläutert und anschaulich demonstriert. Erklärvideos können aber auch für andere Produktkategorien nützlich sein, etwa der Zusammenbau eines Möbelstücks, die Installation einer Software, die Zubereitung eines Essens oder die Vorführung und Kommentierung von Fitnessübungen.

LookBook Dieses Format kommt ursprünglich aus der Mode- und Bekleidungsindustrie. Ein LookBook ist eine Sammlung von Fotos mit der Präsentation der neuesten Kollektionen eines Modedesigners. Auch Influencer bedienen sich dieses Formates, indem der eigene Style mit verschiedenen Outfits vorgeführt wird. LookBooks werden auch als

Fashion Diaries bezeichnet, wenn diese bspw. in einem festgelegten Rhythmus, täglich oder wöchentlich, aktualisiert werden. Das Format der LookBooks eignet sich besonders für Produktplatzierungen.

Review In Reviews wird über getestete Produkte und Dienstleistungen berichtet. Bei unverlangt an Influencer gesendeten Produkten kann der Review auch negative Stellungnahmen beinhalten, vor allen dann, wenn er sich nicht aus „Dankbarkeit" (Reziprozität, siehe Abschn. 1.2) zu einer positiven Stellungnahme verpflichtet fühlen muss. Im Fall einer vorher abgesprochenen Kooperation ist natürlich davon auszugehen, dass der Influencer positiv bewertet. Dieses Format eignet sich gut für die Vorstellung neuer Produkte.

Unboxing-Video Das Öffnen einer Warenlieferung (to unbox: auspacken) und die Kommentierung des ersten Eindrucks wird visualisiert. Dies kann die erwartete Lieferung eines zuvor bestellten Produktes oder eine Überraschungslieferung mit einem unaufgefordert durch ein kooperationssuchendes Unternehmen zugesendetes Produkt sein. Das Unboxing wird live „zusammen" mit der Community inszeniert. Die Begeisterung beim erstmaligen Kontakt mit dem Produkt soll den Fans zeigen, welche Freude sie selber empfinden könnten, wenn sie das gleiche Produkt bestellen.

Haul Darunter versteht man das Präsentieren und Kommentieren von Einkäufen (Haul: Ausbeute, Fang). Dies kann der Wocheneinkauf an Lebensmitteln (Food Hauls) sein, das Ergebnis einer Shoppingtour mit Mode (Fashion Hauls) und Kosmetik (Beauty Hauls). Dabei wird in einem Haul die Kaufentscheidung für das Produkt begründet, Preis und Bezugsquelle genannt und das Shoppingerlebnis aus persönlicher Perspektive erläutert.

Empty-Product-Video Dies ist das Gegenstück eines Hauls. In sog. „Aufgebraucht"-Videos zeigen Influencer ihre aufgebrauchten Produktverpackungen, meistens aus dem Beauty- und Hygienebereich. Dies wird verbunden mit einem Statement, ob diese Produkte nachgekauft werden und beinhaltet damit eine direkte Kaufempfehlung.

Hack Bei den Hacks (Tipps, Tricks, Kniffe) handelt es sich um die richtige und geschickteste Anwendung von Produkten. Hacks zeigen auf, wie ein Problem gegebenenfalls auf ungewöhnliche Weise gelöst werden kann, bspw. durch eine Zweckentfremdung des Gegenstandes.

Let's Play Computer- und Videospiele werden gespielt und begleitend kommentiert. Das individuelle Spielerlebnis des Influencers steht dabei im Vordergrund, was den Videos meistens einen unterhaltenden Charakter verleiht. Let's-Play-Videos als Content-Format sind für Computer- und Videospieleproduzenten interessant.

Get ready with me Dieses Content-Format ähnelt den Erklärvideos/ Tutorials und ist vor allem für Kosmetikprodukte prädestiniert. Insbesondere die sehr jungen weiblichen Teenager der Gen Z werden mit diesem Content-Format angesprochen. Get ready with me ist eine aufmerksamkeitsstarke Weiterentwicklung der klassischen Vorher-Nachher-Gegenüberstellung als Ergebnis eines Prozesses, der aber als solcher nicht visualisiert ist. Der Prozess vom Vorher zum Nachher wird per Live-Streaming demonstriert und vorgeführt. Dieses Content-Format birgt eine hohe Authentizität und Natürlichkeit, wenn man sich morgens direkt nach dem Aufstehen im Badezimmer vor die Kamera stellt. Dieses Videoformat eignet sich besonders für Produktplatzierungen, wenn diese beim Schminken benutzt werden.

Morning-Routine Dieses Content-Format ähnelt den Get ready with me Videos. Während diese eher die Routine des Schminkens und der Auswahl des Tagesoutfits thematisieren, geht die Morgenroutine darüber hinaus und thematisiert einen Teil des typischen Tagesablaufs am Morgen, bspw. auch die Zubereitung des Frühstücks, die Planung des Tages oder eine Fitness-Morgenroutine mit bspw. Dehnübungen nach dem Aufstehen. Dieses Content-Format eignet sich für alle Produkte, die im Rahmen der Morgenroutine zum Einsatz kommen.

5.2.2 Text- und Bildformate

Die Aufbereitung von Text ist das vorherrschende Content-Format in Blogs, aber auch Social-Media-Plattformen wie Facebook, Instagram und YouTube ermöglichen neben der Veröffentlichung von Videos und Bildern die Streuung von Textformaten. Textbotschaften eignen sich insbesondere zur Vermittlung von Informationen und Fakten, sie können kaufentscheidungsbeeinflussende Aspekte und Argumente detaillierter hervorheben. Gängige Textformate in Social Media sind Nachrichten, Erlebnis- und Erfahrungsberichte, Tipps, Beschreibungen, Rezensionen, Bewertungen, Listen, Erklärungen und Gebrauchsanweisungen. Je länger die Textpassagen, desto mehr Geduld muss zur Rezeption der Informationen investiert werden. Grundsätzlich sollten daher Textbotschaften mit werblichem Charakter so kurz und prägnant wie möglich sein, um die Botschaftsaufnahme und -verarbeitung auch bei flüchtigem Kontakt zu gewährleisten (Meffert et al. 2015, S. 724).

Längere, eher informative Textpassagen müssen dem Rezipienten einen Mehrwert in Relation zu seiner investierten Zeit bieten. Für eine gute Textverständlichkeit **(Readability)** stehen Kriterien wie die Ordnung der inhaltlichen Struktur sowie Einfachheit, Kürze und Prägnanz im Satzbau und in der Wortwahl (Trommsdorff und Teichert 2011, S. 243 ff.). Je besser die Verständlichkeit von Textbotschaften, desto höher ist der Beeinflussungserfolg, wenn das Thema Interesse und Aufmerksamkeit erregt (Trommsdorff und Teichert 2011, S. 243). Aufmerksamkeit erzeugen Blogger durch einen narrativen (erzählenden) Kontext. Rund um das zu vermarktende Produkt wird eine spannende Geschichte erzählt **(Storytelling),** in deren Handlung die Marke spielerisch in Szene gesetzt werden kann. Geschichten können einen realen oder fiktiven Rahmen haben, sie können unterhaltend, emotional oder rein informativ sein. Gut erzählte Geschichten bewirken einen hohen Erinnerungswert, wenn es gelingt, den Rezipienten in die Handlung einzubeziehen, zum Nachdenken anzuregen und Emotionen auszulösen.

Viele Influencer nutzen Bilder (Fotos) als Content-Format. Bilder eignen sich insbesondere zur Vermittlung emotionaler Botschaften (Meffert et al. 2015, S. 726). Im Vergleich zu sprachlichen Informationen haben

Bilder eine intensivere Erlebnis- und Unterhaltungsdimension, sie beinhalten ein ausgeprägtes Aktivierungspotenzial, befördern die Interaktion und stehen für einen höheren Erinnerungs- und Wiedererkennungswert (Trommsdorff und Teichert 2011, S. 68 und S. 216). Bildinszenierungen eignen sich besonders für eine flüchtige und schnelle Rezeption, da die kognitive Verarbeitung von Bildern nur einer geringen gedanklichen Anstrengung bedarf (Trommsdorff und Teichert 2011, S. 67). Für die Aufbereitung von Bildern gibt es Vorgaben der sozialen Netzwerke, was bspw. die Größe, Gestaltung und Auflösung der Bilder betrifft. Neben der Möglichkeit der Optimierung von Bildern über professionelle Fotobearbeitungssoftware stehen in den sozialen Netzwerken integrierte Funktionen bereit, mit denen Bilder bearbeitet werden können. Über Story-Funktionen können Bilder bei Facebook, Instagram und Snapchat zu einer Slideshow zusammengesetzt werden. Stories sind nur 24 h abrufbar und regen eine erfahrene Community bei Kenntnis dieser zeitlichen Restriktion zur sofortigen Rezeption an.

> Influencer, die sich auf Bildformate spezialisiert haben, beherrschen die etablierten Techniken der Bildbearbeitung und Bildinszenierung.

Beiträge in Blogs und sozialen Netzwerken werden als **Post** bezeichnet. Hat ein Netzwerkmitglied den Account eines Influencers abonniert, so erscheinen diese Posts im **Feed** (Nachrichtenüberblick) des eigenen Accounts. Folgen auf einen Post Interaktionen in Form von Diskussionen, Kommentaren und ergänzenden Nachrichten, so entsteht ein **Thread** als zu einem Post gehörender Nachrichtenstrang. In sozialen Netzwerken geschaltete Werbung muss als Anzeige oder **Sponsored Post** kenntlich gemacht werden. Die Kennzeichnungspflicht als Werbung gilt in der Zusammenarbeit mit Unternehmen auch für die Posts der Influencer, dies muss in beiderseitigem Interesse als Bestandteil einer Kooperationsvereinbarung explizit geregelt werden (Abschn. 7.4).

Ihr Transfer in die Praxis

- Erstellen Sie eine Rangfolge der von Ihrer Zielgruppe vornehmlich genutzten Social Media Plattformen.
- Diskutieren Sie im Unternehmen, welche Content-Formate sich aus Ihrer Sicht am besten für die Visualisierung und Vermarktung Ihrer Produkte und/oder Dienstleistungen eignen würden.
- Versuchen Sie sich einmal darin, eine fiktionale und eine reale Geschichte zu Ihren Produkten und/oder Dienstleistungen zu erzählen.

Literatur

Feierabend, S., Plankenhorn, T., & Rathgelb, T. (2016). Jugend, Information, Multimedia. *Media Perspektiven, 12,* 586–597.

Hettler, U. (2010). *Social Media Marketing.* München: Oldenbourg.

JIM-Studie 2017. (2017). Jugend, Information, (Multi-)Media. https://www.mpfs.de/fileadmin/files/Studien/JIM/2017/JIM_2017.pdf. Zugegriffen: 15. März 2018.

Koch, W., & Frees, B. (2017). ARD/ZDF-Onlinestudie 2017: Neun von zehn Deutschen online. *Media Perspektiven, 9,* 434–446.

Kupferschmitt, T. (2017). Onlinevideo: Gesamtreichweite stagniert, aber Streamingdienste punkten mit Fiction bei Jüngeren. *Media Perspektiven, 9,* 447–462.

Meffert, H., Burmann, C., & Kirchgeorg, M. (2015). *Marketing. Grundlagen marktorientierter Unternehmensführung.* Wiesbaden: Springer Gabler.

Tippelt, F., & Kuperschmitt, T. (2015). Social Web: Ausdifferenzierung der Nutzung – Potenziale für Medienanbieter. *Media Perspektiven, 10,* 442–452.

Trommsdorff, V., & Teichert, T. (2011). *Konsumentenverhalten.* Stuttgart: Kohlhammer.

6

Dritter Schritt: Auswahl der Influencer

Was Sie aus diesem Kapitel mitnehmen

- Mit welchen quantitativen und qualitativen Bewertungskriterien infrage kommende Influencer identifiziert werden.
- Wie die Eigenrecherche organisiert werden kann.
- Wie Agenturen in den Prozess eingebunden werden.
- Welche Datenbanken und Tools die Influencersuche unterstützen.

Nachdem die Zielgruppen analysiert und die Ziele bestimmt sind, geht es im dritten Schritt um die Identifizierung „passender" Influencer. Die Suche und Auswahl stellt eine aufwands- und zeitintensive Aufgabe dar, die weder mit schnellen Keyword-Recherchen noch mit Nachfragen beim Familiennachwuchs nach „coolen" Influencern gelöst werden kann. Die Anzahl potenzieller Influencer wächst mit jedem Tag, dies macht die Suche zunehmend komplexer.

Der Auswahlprozess muss strukturiert angegangen werden. Mithilfe von quantitativen und qualitativen Kriterien lässt sich ein unternehmensindividuelles Bewertungsschema aufstellen (siehe Abschn. 6.1). Zu klären ist die Frage, ob es sinnvoll und möglich ist, mit unternehmensinternen Ressourcen Influencer zu identifizieren

© Springer Fachmedien Wiesbaden GmbH, ein Teil von Springer Nature 2018
F. Deges, *Quick Guide Influencer Marketing,* Quick Guide,
https://doi.org/10.1007/978-3-658-22163-8_6

und zu bewerten (Abschn. 6.2). Diese Aufgabe kann Ihr Unternehmen auch einem externen Dienstleister übertragen (Abschn. 6.3). Des Weiteren haben sich Plattformen, Datenbanken und Tools etabliert, die teils von Influencer-Marketing-Agenturen, teils von den sozialen Netzwerken entwickelt wurden, um die Influencersuche zu unterstützen (Abschn. 6.4).

6.1   Kriterien für die Auswahl potenzieller Influencer

Ihr Unternehmen sucht den „perfekten" Influencer. Dieser soll zum Unternehmen und zur Marke passen sowie eine hohe Glaubwürdigkeit, Authentizität und positive Ausstrahlung verkörpern. Ob nun die Suche mit Eigenrecherche oder mit externer Unterstützung organisiert wird, es bedarf Kriterien für die Identifizierung und Bewertung. Der Auswahlprozess muss quantitative Aspekte (Reichweite) und qualitative Aspekte (Relevanz und Resonanz) berücksichtigen. Diese stehen nicht für sich alleine, sondern bedingen sich gegenseitig. Die absolute **Reichweite** als quantitative Messgröße ist ein Indikator für die Akzeptanz des Influencers in Social Media (Hettler 2010, S. 224). Eine hohe Reichweite ist aber wenig aussagekräftig, wenn die **Relevanz** gering ist, d. h. wenn die avisierte Zielgruppe in der Community des Influencers unterrepräsentiert ist. Eine hohe Relevanz ist aber Voraussetzung dafür, dass **Resonanz** erzeugt wird, d. h. eine intensive Auseinandersetzung der Community mit den Inhalten stattfindet (Hettler 2010, S. 118). Influencer Marketing entfaltet seine größte Wirkungskraft, wenn Reichweite, Resonanz und Relevanz ausgewogen repräsentiert sind. Ihrem Auswahlprozess könnte der in Abb. 6.1 visualisierte Kriterienkatalog zugrunde gelegt werden.

6.1.1 Reichweite

Oft wird die Attraktivität eines Influencers allzu einseitig anhand seiner Reichweite bewertet, welche sich aus den Influencer-Accounts mit

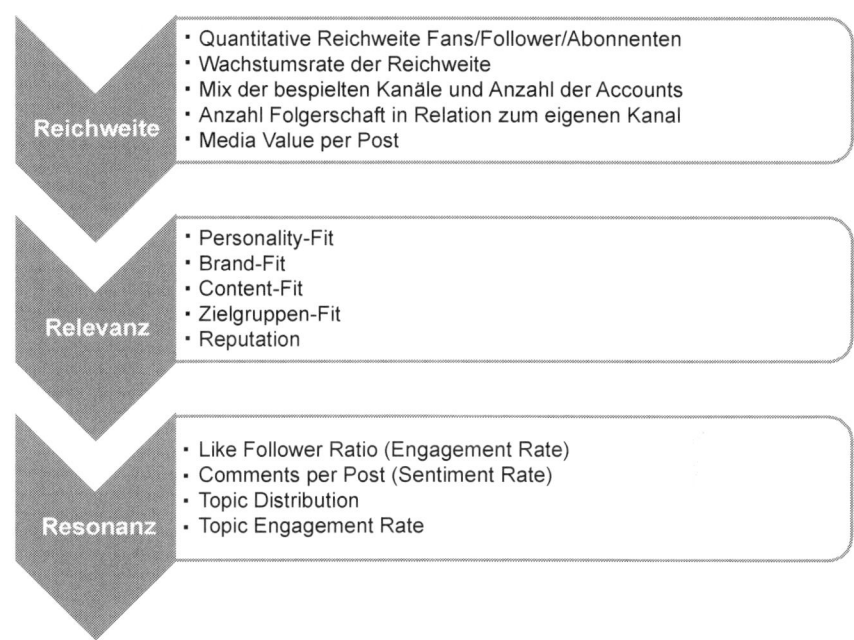

Reichweite
- Quantitative Reichweite Fans/Follower/Abonnenten
- Wachstumsrate der Reichweite
- Mix der bespielten Kanäle und Anzahl der Accounts
- Anzahl Folgerschaft in Relation zum eigenen Kanal
- Media Value per Post

Relevanz
- Personality-Fit
- Brand-Fit
- Content-Fit
- Zielgruppen-Fit
- Reputation

Resonanz
- Like Follower Ratio (Engagement Rate)
- Comments per Post (Sentiment Rate)
- Topic Distribution
- Topic Engagement Rate

Abb. 6.1   Kriterienkatalog Reichweite-Relevanz-Resonanz

der Anzahl der Fans/Follower/Abonnenten einfach und schnell ablesen lässt. Die absolute Reichweite ist durchaus ein wichtiger Faktor, denn ohne eine den Unternehmen auffallende attraktive Reichweite wird eine Person nicht als potenzieller Influencer erkannt und wahrgenommen. Eine differenzierte und kritische Auseinandersetzung mit der Reichweite sollte folgende Aspekte berücksichtigen:

Reichweite als absolute Anzahl der Fans, Follower oder Abonnenten (Direct Reach)
Die Reichweite drückt die absolute Anzahl an Personen aus, die einem Influencer „folgen". Diese hat sich mit dem Beginn seiner Aktivitäten organisch über einen mehr oder weniger langen Zeitraum aufgebaut. Insbesondere Influencern der ersten Stunde folgt meist eine mehr-jährig treue Fangemeinde. Die Reichweite ist somit das Asset, in dem Sinne der Vermögenswert des Influencers, den dieser in eine

Unternehmenspartnerschaft einbringt. Gerade deshalb fixieren sich viele Unternehmen zuerst auf die absolute Reichweite, auch wenn diese nichts über den Aktivitätsgrad der Community aussagt.

Auch wenn eine hohe Anzahl an Fans/Followern/Abonnenten beeindruckt, grundsätzlich gilt: je höher die Reichweite, desto breiter gestreut ist die Community. Dies zeigte sich schon bei den Celebrity-Testimonials (siehe Abschn. 2.3). Diese erzielen extrem hohe Reichweiten (siehe Tab. 2.1), adressieren aber auch ein sehr heterogenes, geografisch weitverteiltes Publikum aus Kontinenten/Ländern, in denen Sie Ihre Produkte gegebenenfalls gar nicht anbieten. Das heißt, eine hohe Reichweite geht zwangsläufig mit Streuverlusten in Bezug auf Ihre Zielgruppe einher. Insbesondere im Einsatz von prominenten Influencern mit extrem hohen Reichweiten müssen Sie in Ihrem Unternehmen die Frage thematisieren, ob Sie die „Prominenz" höher gewichten, weil sie gegebenenfalls für eine schnelle Steigerung der Bekanntheit steht und dafür die Streuverluste hinsichtlich der Zielgruppenansprache in Kauf nehmen. Dies ist auch eine Budgetfrage im Hinblick auf hohe Honorarforderungen von populären und prominenten Influencern.

> Lassen Sie sich nicht von hoher Reichweite beeindrucken. Es kommt in den meisten Fällen nicht darauf an, möglichst viele, sondern die gewünschten Zielpersonen zu erreichen. Die isolierte Wertschätzung der quantitativen Reichweite stellt kein aussagekräftiges Auswahlkriterium dar.

Influencer mit einer nicht so hohen Reichweite können interessant sein, wenn Ihre geringe Anzahl an Fans/Followern/Abonnenten in der Bedienung eines sehr speziellen oder exotischen Nischenthemas begründet liegt und dies zwangsläufig nur einen kleinen Interessentenkreis anspricht.

Spezialisierte Blogs

Ein passionierter Tiefseetaucher mit einem Blog, den „nur" wenige Tausend Follower abonniert haben, kann für ein Unternehmen, welches Produkte und (Reise)-Dienstleistungen rund um das Thema Tiefseetauchen anbietet, werthaltiger sein als weniger spezialisierte Blogs mit eher allgemeinen Sport- und Reisethemen. Diese könnten zwar höhere Reichweiten an grundsätzlich sport- und reiseinteressierten Followern aufweisen, der Deckungsgrad der Folgerschaft mit der Zielgruppe des Unternehmens ist gegebenenfalls nur sehr gering. Grundsätzlich gilt: Je spezialisierter ein Blog, desto größer ist die Wahrscheinlichkeit, dass die Follower das gleiche Hobby, die gleiche Leidenschaft teilen und sich aktiv an Diskussionen beteiligen. Eine höhere Engagement Rate auch bei einer geringen Anzahl von Followern führt zu einer höheren Relevanz und Resonanz (Deges 2017, S. 467).

Eine (noch) geringe Reichweite kann auch mit einer (noch) geringen Bekanntheit des Influencers zusammenhängen. Accounts mit geringer Reichweite weisen noch ein Entwicklungspotenzial auf, weil der Influencer erst seit Kurzem aktiv ist und sich gerade eine Fangemeinde aufbaut. Diese Influencer stehen Kooperationen mit Unternehmen meist sehr offen gegenüber, da dies ihnen helfen kann, Bekanntheit zu erzielen und damit ihre Reichweite zu erhöhen. So kann vielleicht genau dieser Influencer bei der Vermarktung von Nischenprodukten eine kleine, aber dafür sehr relevante Zielgruppe erreichen.

Eine Studie der Influencer-Marketing-Agentur Markerly (http://www.markerly.com/) zum Interaktionsverhalten von 800.000 Instagram-Nutzern belegt eine empirische Korrelation zwischen Reichweite und Interaktion über Likes und Kommentare. Während Instagrammer mit weniger als 1000 Followern im Schnitt eine Like-Rate von 8 % aufweisen, sinkt diese bei einer Followerzahl zwischen 1000 und 10.000 auf 4 %, bei einer Followerzahl von 10.000 und 100.000 auf 2,4 % bis hin zu nur noch 1,6 % bei einer Community ab 100.000 Followern (Markerly 2017). Die Studie zeigt, dass eine hohe Reichweite nicht zwangsläufig eine hohe Interaktion hervorruft und dass gerade Micro Influencer mit geringer Reichweite eine höhere Aufmerksamkeit erzielen können als reichweitenstarke Macro Influencer.

Wachstumsrate der Reichweite (Follower Growth)

Influencer haben ein natürliches Interesse daran, ihre Reichweite und damit ihren sozialen Status aufzuwerten. Mit jedem weiteren Fan/ Follower/Abonnenten steigt ihre „virtuelle" Attraktivität. Daher sollten auch die Wachstumsraten der Reichweite, z. B. in Bezug auf Jahr/Monat/Woche/Tag analysiert und hinterfragt werden. Das Reichweitenwachstum zeigt, ob sich der Influencer-Account noch im Aufbau befindet, seinen Höhepunkt erreicht hat und stagniert oder diesen gar überschritten hat und die Reichweite zurückgeht.

Ihr Unternehmen sollte versuchen, folgende Fragen zu beantworten: Ist über den Zeitverlauf ein kontinuierliches Wachstum zu konstatieren, oder gibt es große Wachstumssprünge innerhalb eines sehr kurzen Zeitraums? Durch welche Effekte könnte die Reichweite gestiegen sein? War es gegebenenfalls ein attraktives Gewinnspiel in Kooperation mit einem Unternehmen, welches kurzfristig die Aufmerksamkeit für den Influencer-Account erhöht hat?

> Die quantitative Entwicklung der Community des Influencers sollte eine organische Wachstumskurve aufzeigen, d. h. ein regelmäßiges Wachstum ohne auffällige und unerklärbare Ausschläge nach oben oder unten.

Hohe Wachstumsraten innerhalb eines kurzen Zeitraums sollten insbesondere bei noch nicht lange aktiven Influencern kritisch hinterfragt werden (Kamps 2018). Neue Generationen von Influencern oder Personen, die Influencer werden wollen, sind nicht mehr ganz so altruistisch, wie es noch die Influencer Generation der ersten Stunde vor dem Hype um das Influencer Marketing war, als monetäre Interessen mit dem Betreiben eines Influencer-Accounts noch nicht so sehr im Fokus standen (Kamps 2018).

Mit unseriösen Praktiken kann die Reichweite durch den „Zukauf" von **Fake-Followern** künstlich erhöht werden, um die Attraktivität des Accounts in der Außenwahrnehmung aufzuwerten. Ein Verdacht der „Fake-Reichweite" ist schwierig zu erhärten. Die Manipulationsmechanismen, um künstliches als organisches Wachstum erscheinen zu lassen, werden immer ausgefeilter (Kamps 2018).

Ein gekauftes Paket mit Fake-Followern wird nicht mehr in einem Schritt, sondern softwaregesteuert über einen längeren Zeitraum verteilt der Community zugeführt (Kamps 2018), so dass die Wachstumskurve eine kontinuierliche Reichweitensteigerung vortäuscht.

Ein geringes Engagement der Community und eine fragwürdige Qualität der Interaktion (**Fake-Likes**) mit standardisierten Kommentaren (cooles Bild, super Post) und oberflächlichen Floskeln (toll, klasse, schön, perfekt) durch die immer gleichen Follower ist ebenfalls ein Indiz für Manipulationen (Kamps 2018). Achten Sie daher auf die Anzahl der Likes in Relation zur Größe der Community. Machen Sie sich ein Bild davon, aus welchem Land die Follower kommen und in welcher Sprache häufig kommentiert wird. Auch hier wird eine Manipulation immer schwieriger nachweisbar, weil die „Fake-Reichweiten-Dienstleister" variantenreichere Sets an Kommentaren entwickeln. Praktiken dieser Art werden gerne von Influencern genutzt, deren Wachstum gerade stagniert (Kamps 2018). Solche Influencer sind definitiv nicht die passenden Kooperationspartner für Ihr Unternehmen.

Mix der bespielten Kommunikationskanäle und Anzahl der Social-Media-Accounts

Viele Influencer bespielen mehrere Kommunikationskanäle und Social-Media-Accounts parallel. Sie haben jedoch einen präferierten Account, das ist häufig derjenige, mit dem sie gestartet sind und ihr heutiges Ansehen erarbeitet haben. Meist ist dies auch der Account mit der höchsten Reichweite und der treuesten Community. Es gibt verschiedene Kombinationsmöglichkeiten durch die Bespielung von zwei oder mehreren Kanälen. Beispielsweise ein Blogger mit weiteren Accounts auf Instagram, Facebook oder YouTube. Oder junge Instagrammer mit einem zusätzlichen Account auf Snapchat. Recherchieren Sie, wie viele und welche Kanäle der Influencer bespielt. Sind dies auch die Kanäle, die Ihr Unternehmen für die Zielgruppenansprache präferiert? Mehrere Kanäle zu bespielen, deutet auf einen erhöhten personellen Einsatz, dies kann ein Indiz sein, dass der Influencer sich professionalisiert und seine Accounts nicht mehr rein als Hobby betreibt.

Zum einen kann die Reichweite im vorrangig bespielten Account bewertet werden, zum anderen auch in Bezug auf alle Kommunikationskanäle, die der Influencer bespielt. Zu beachten ist dabei, dass die Addition der Followerzahlen aller Accounts kein belastbares Messergebnis darstellt, da enthusiastische Fans ihrem Influencer auf mehreren Kanälen folgen und somit eine schwer quantifizierbare Schnittmenge darstellen. Des Weiteren ist zu beachten, ob mit mehreren Accounts unterschiedliche Schwerpunkte des Content-Formats gesetzt sind oder ob es sich einfach nur um eine identische Zweitverwertung handelt, um durch die Bespielung mehrerer Kanäle die Reichweite zu erhöhen.

Anzahl Folgerschaft im Vergleich zur Reichweite des Unternehmensauftritts im gleichen Kommunikationskanal oder zielgruppenaffiner Kommunikationskanäle
Eine differenziertere Einschätzung der quantitativen Reichweite erhalten Sie zudem, wenn die Reichweite des Influencers in Relation zu anderen themenbezogenen Accounts oder Informationsangeboten wie der Auflage und dem Onlineangebot anderer Medienformate wie bspw. Special-Interest-Zeitschriften gesetzt wird. Erfolgreiche Modeblogger bspw. erzielen eine weit höhere Reichweite als die Printausgaben etablierter Modemagazine.

Beispiel Chiara Ferragni

Die Modebloggerin Chiara Ferragni erreicht auf Instagram 12,5 Mio. Abonnenten (https://www.instagram.com/chiaraferragni, Stand: 05.04.2018). Die Modezeitschrift Vogue verkaufte im 4. Quartal 2017 lauf IVW (Informationsgesellschaft zur Feststellung der Verbreitung von Werbeträgern e. V.) in Deutschland eine Auflage von 95.910 Printexemplaren. (http://www.ivw.eu/aw/print/qa/titel/168). Allerdings differenzieren sich in Social Media die Reichweitenunterschiede. Während Vogue Germany auf Instagram 228.000 Abonnenten zählt (https://www.instagram.com/voguegermany, sind es mit 17,8 Mio. Followern beim international ausgerichteten Instagram Account (https://www.instagram.com/voguemagazine, Stand: 05.04.2018) sogar mehr Abonnenten als bei der bekanntesten Modebloggerin.

Damit ist gerade im Fashionbereich die Zusammenarbeit mit Modebloggern eine kostengünstige Alternative zur Anzeigenschaltung in Modemagazinen. Bei der Analyse von Videoportalen zeigt sich, dass populäre YouTuber höhere Reichweiten als Tageszeitungen, Fernseh- oder Radiosendungen erzielen und sich damit auch als alternative Werbeträger empfehlen. Die Bedeutung von Influencern bei bestimmten Produktkategorien zeigt auch ein Vergleich von deren Follower-Zahlen mit denen des Unternehmens. So kommt der Onlinehändler Zalando bei Instagram auf 491.000 Abonnenten (https://www.instagram.com/zalando, Stand: 05.04.2018), während etwa der Modeblogger Magic Fox 1,5 Mio. Abonnenten zählt (https://www.instagram.com/magic_fox, Stand: 05.04.2018). Recherchen dieser Art zeigen Ihnen schnell und einfach auf, ob Sie auf dem präferierten sozialen Netzwerk über die Kooperation mit einem Influencer eine höhere Reichweite aktivieren als mit Ihrem eigenen Unternehmensauftritt.

Media Value per Post
In Fachpublikationen sowie in Ranglisten und Profilen von Influencer-Agenturen wird häufig auf den Media Value per Post mit Bezug auf verschiedene soziale Netzwerke verwiesen. Dies ist eine Schätzung des monetären Wertes eines Influencer Posts, den ein Unternehmen für vergleichbare Werbeaktivitäten im gleichen Kommunikationskanal, bspw. in Form der Schaltung einer Anzeige ausgeben müsste, um dieselbe Anzahl an Kontakten anzusprechen. Die Berechnung basiert auf der Reichweite multipliziert mit dem geschätzten Tausender-Kontakt-Preis (TKP). Der TKP beziffert die Höhe der Kosten bei Erreichung von 1000 Kontakten (Homburg 2017, S. 782). Der Berechnung des Media-Value liegt die Annahme zugrunde, dass alle Follower den Post des Influencers tatsächlich sehen und zur Kenntnis nehmen, was faktisch selten der Fall ist. Mit zunehmender Netzwerkgröße steigt auch der Media Value des Influencers. Auch dies ein Grund, warum Influencer über Fake-Follower ihre Reichweite erhöhen wollen. Der Media Value dient Unternehmen als eine Richtgröße für die Budgetkalkulation der Influencervergütung.

Media-Value-Berechnung für einen Instagram Influencer

Der Influencer-Marketing-Dienstleister Influencer DB (https://www.influencerdb.net/) definiert den Media Value als eine Schätzung des Preises, den Marken zahlen müssten, um eine ähnliche Reichweite mit Instagramanzeigen (Instagram-Ads) zu erzielen. Wird ein TKP von 5 EUR zugrunde gelegt und die Reichweite des Influencers beträgt 800.000 Follower, so würde sich ein Media Value per Post von $800 \times 5 = 4000$ EUR errechnen. Diese Summe müsste das Unternehmen investieren, um über Instagram-Ads die gleiche Reichweite wie die der Influencer-Posts zu erzielen.

Influencer sind sich ihres Media Values per Post bewusst und richten ihre Honorarforderungen danach aus.

6.1.2 Relevanz

Nach der differenzierten Bewertung der Reichweite stellt sich die Frage, welcher Influencer am besten zum Unternehmen und zur Marke „passt". Bei der Überprüfung eines solchen „Fits" geht es um den Grad der Übereinstimmung dem Unternehmen wichtiger qualitativer Aspekte mit dem Profil des Influencers. Dazu sind eine Vielzahl von Fragen zu beantworten, die den in Abb. 6.2 dargestellten vier Kategorien zugeordnet werden können und von Ihrem Unternehmen zu berücksichtigen sind. Diese Fit-Kategorien bedingen einander gegenseitig, sie kulminieren sich zur Reputation des Influencers und ergeben idealerweise einen ganzheitlich-harmonischen Gesamteindruck.

Personality-Fit
Das Erscheinungsbild und die Persönlichkeit des Influencers müssen zum Image und zu den Grundwerten (Leitbild) des Unternehmens passen, denn der Influencer soll als Botschafter für Ihr Unternehmen in Erscheinung treten. Die Persönlichkeit lässt sich im rein virtuellen Umfeld von Social Media nur schwer einschätzen. Recherchieren Sie im Internet nach Quellen, die etwas über das Lebensumfeld und die Charaktereigenschaften des Influencers

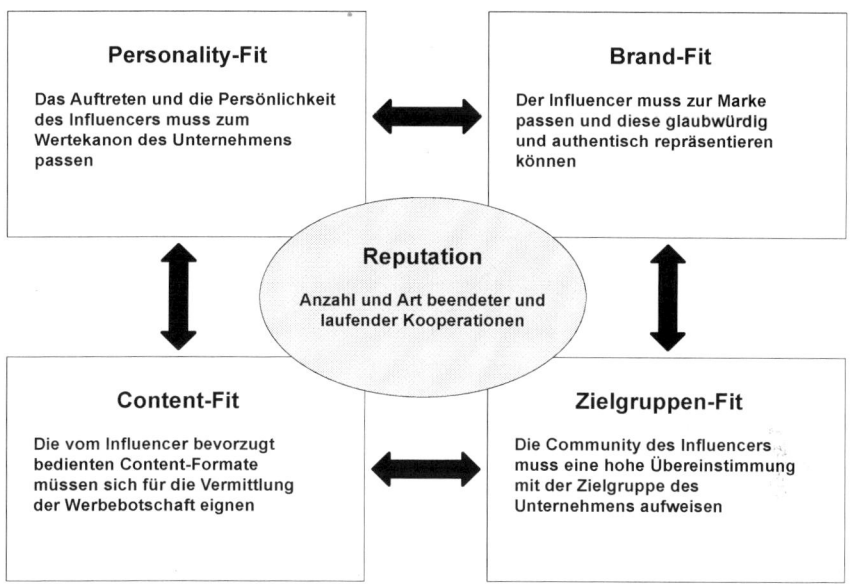

Abb. 6.2   Relevanz: Die Fit-Kategorien. (Eigene Darstellung)

aussagen. Presseberichte, Interviews, Foto- und Videomaterial oder auch Selbstbeschreibungen des Influencers finden sich gegebenenfalls in seinen Accounts. Wenn er seine Tätigkeit professionell betreibt, so kann er sich gegebenenfalls intensiver in die Partnerschaft einbringen als ein Hobby-Influencer. Auch sein Verhalten in der Öffentlichkeit prägt das Bild der Persönlichkeit. Berichte über ungebührliches Benehmen oder arrogantes Auftreten in der Öffentlichkeit passen sicher nicht zum Idealprofil der Person, die Sie suchen. Wenn er sich exponiert in den Vordergrund stellt und dabei einen Personenkult inszeniert, dann ist er nicht der ideale Partner.

Brand-Fit

Der Influencer muss zu Ihrer Marke passen und diese authentisch nach außen repräsentieren können. Die Marke steht ebenso wie Ihr Unternehmen für bestimmte Werte, die durch eine werbliche Kooperation glaubwürdig vertreten werden müssen.

Fragen zum Brand-Fit

- Hat der Influencer in der Vergangenheit bereits aus eigener Motivation ohne Gegenleistung zu Ihrer Marke und zu Ihren Produkten Stellung (positiv, neutral, negativ) bezogen?
- Bringt er schon eine genuine Leidenschaft und echte Begeisterung für Ihre Marke mit?
- Ist aus seinen organischen Inhalten eine Identifikation mit Ihrer Marke erkennbar?
- Ist aus der Interaktion des Influencers erkennbar, dass er positiv zu Ihrer Marke steht, vielleicht als Fan Ihrer Marke charakterisiert werden kann?

Content-Fit

Bei einer Content-Analyse geht es um eine Bewertung formaler und inhaltlich-semantischer Kriterien. Damit lassen sich Einschätzungen über die Struktur und Qualität der Beiträge ableiten. Das Themenspektrum und die Inhalte des Influencers müssen zur Marke und zu Ihren Produkten passen. Der Content unterteilt sich in organische Inhalte, also eigeninitiativ erstellte informative Beiträge und werbliche, also gesponserte Inhalte. Ein hoher Anteil an organischem Content spricht für Authentizität und Unabhängigkeit. Der Influencer-Account sollte nicht den Eindruck einer Werbeplattform vermitteln, weil er mit Werbebannern und Werbebotschaften überfrachtet ist. Die Posting-Frequenz vermittelt einen Eindruck über die Häufigkeit/Intensität der Veröffentlichungen und des Veröffentlichungsrhythmus. Die Content-Analyse ist zeitaufwendig, da Sie die Beiträge über einen bestimmten Zeitraum auswerten müssen.

Fragen zum Content-Fit

- Mit welchen Themen beschäftigt sich der Influencer?
- Wie ist das Verhältnis von organischem zu werblichem Inhalt?
- Wie sind die inhaltliche Tiefe und der Detaillierungsgrad seiner Beiträge zu werten?
- Ist er als Experte seines Themengebietes erkennbar? Ist aus der Aktualität seiner Informationen ableitbar, dass er offensichtlich Zeit und Energie investiert, um auf dem neuesten Stand zu sein?

- Wie ist der Aktivitätsgrad pro Zeiteinheit (Posting-Frequenz) zu werten? Postet er täglich, mehrmals wöchentlich, einmal pro Woche (gegebenenfalls nur am Wochenende)?
- Wie ist die Struktur und Qualität seiner Beiträge in Bezug auf die Text-/Bildsprache zu werten?
- Achtet er auf eine orthografisch und grammatikalisch korrekte Schreibweise?
- Argumentiert er schlüssig und begründet er seine Meinungen nachvollziehbar? Ist eine individuelle Handschrift erkennbar?
- Ist der Account in einem ansprechenden Layout gestaltet?
- Sind die Fotos und Videos von guter Qualität?

Der Content soll zur Interaktion aufrufen, daher muss die inhaltliche Struktur der Beiträge dies auch befördern. Interaktionen werden animiert, wenn ein Aufruf zur Kommunikation erfolgt, bspw. indem der Influencer Fragen stellt, Diskussionen anregt oder aktiv Reaktionen von seiner Community einfordert.

Zielgruppen-Fit

Bei der Bewertung des Zielgruppen-Fits geht es um den Grad der Übereinstimmung der Community des Influencers mit der Zielgruppe des Unternehmens. Keine noch so kleine und homogene Community wird eine 100 %ige Übereinstimmung mit Ihrer Zielgruppe aufweisen, da kein Influencer Einfluss darauf hat, eine Community nach zielgruppenspezifischen Segmentierungskriterien bewusst aufzubauen. Ein Influencer repräsentiert am besten eine Community, wenn er selber auch der Generation angehört und seinen Fans/Followern/Abonnenten in seiner soziodemografischen und psychografischen Struktur ähnelt. Beim Zielgruppen-Fit geht es auch um seine Reaktion auf die Interaktionen der Community, also die Art und Weise, wie detailliert, hilfreich und nutzenstiftend er an ihn adressierte Fragen beantwortet.

Fragen zum Zielgruppen-Fit

- Passt der Influencer soziodemografisch zu Ihrer Zielgruppe?
- Repräsentiert er Werte und Einstellungen, die auch für Ihre Zielgruppe relevant sind?

- Interagiert er mit seiner Community im zur Generation passenden Sprachstil und Jargon?
- Wie reagiert er auf Beiträge und Kommentare seiner Fans/Follower/ Abonnenten? Geht er auf deren Fragen ein und nimmt sich Zeit für individuelle Antworten?
- Ist aus den Kommentierungen (Lob, Kritik) der Community erkennbar, dass die Fans/Follower/Abonnenten den Influencer wertschätzen?
- Bringt er sich auch in Diskussionen der Fans/Follower/Abonnenten untereinander ein?

Neben diesen Fit-Kriterien geht es auch um die Reputation, die sich der Influencer als Kooperations- und Werbepartner bis dato erarbeitet hat und die sich über die Anzahl und die Art der Kooperationen ausdrückt:

Reputation: Anzahl und Art der Kooperationen
Recherchieren Sie aktuelle und beendete Kampagnen des Influencers. Die Anzahl und die Art der laufenden Kooperationen ist eine wichtige Information, wenn von Unternehmensseite eine exklusive Partnerschaft gewünscht wird. Ist der Influencer in der Vergangenheit für ein Konkurrenzprodukt aktiv gewesen, dann wäre es wenig glaubwürdig, wenn er nun für die andere Marke Empfehlungen abgibt. Zu viele Kooperationen deuten gegebenenfalls darauf hin, dass der Influencer bereits einen hohen Professionalisierungsgrad erreicht hat oder eher einseitig daran interessiert ist, mit weiteren Kooperationen sein Honoraraufkommen zu optimieren. Eine hohe Anzahl an Kooperationen ist eher kritisch zu werten, dies wirkt nicht mehr authentisch.

Fragen zur Reputation: Anzahl und Art der Kooperationen
- Mit welchen Unternehmen kooperiert er und mit welchen Unternehmen wurde in der Vergangenheit kooperiert?
- Hat er bereits für konkurrierende Marken/Produkte geworben?
- Wie ist sein Engagement in bisherigen Partnerschaften zu werten?
- Wie hat er Produkte und Dienstleistungen in Szene gesetzt?
- Ist eine persönliche Note erkennbar oder erscheinen die Kampagnen als oberflächliche Reproduktion vorformulierter Werbebotschaften?

Erkenntnisse aus Ihrer in Abschn. 4.1 durchgeführten Wettbewerberanalyse werden hier nochmals verwertet, wenn Sie erhoben haben, mit welchen Influencern Ihre Wettbewerber zusammenarbeiten. Es wäre nicht zielführend, wenn bereits Kooperationen mit Wettbewerbern oder Kooperationen mit Unternehmen bestehen, die nicht zum Image Ihres Unternehmens passen.

6.1.3   Resonanz

Die Resonanz bezieht sich auf die Community und drückt das Interaktionsverhalten als aktives Engagement aus. Grundsätzlich ist in allen sozialen Netzwerken ein Großteil der Community als passive Nutzer zu klassifizieren, die Inhalte nur abrufen und konsumieren, ohne Resonanz zu geben. Lediglich ein kleiner Anteil kann zu den aktiven Nutzern gezählt werden, diese Raten sind im Vergleich der sozialen Netzwerke unterschiedlich, Instagram-Nutzern bspw. wird ein verhältnismäßig hohes Interaktionsverhalten nachgesagt. Mit verschiedenen Features kann in sozialen Netzwerken interagiert werden:

Interaktionsfeatures in sozialen Netzwerken

Like (Gefällt mir): Das Klicken des „Like"- oder „Unlike-/Dislike"-Buttons ist die reduzierteste Form einer Interaktion, um Sympathie oder Missfallen zu bekunden, ohne dies verbal zu begründen.

Share (Teilen, Weiterleiten): Mit dem Teilen/Weiterleiten wird dem eigenen Freundeskreis ein Beitrag empfohlen. Dies ist zwar auch nur der Klick auf einen Button, jedoch werthaltiger, da man den Freundeskreis nur auf wirklich interessante Inhalte aufmerksam machen wird.

Freunde einladen: Ausgewählte oder auch alle Freunde des eigenen Accounts werden eingeladen, einer bestimmten Seite zu folgen und diese zu liken. Als Empfehlung aus dem Freundeskreis (Freunde aktivieren Freunde) kommt dieser Interaktion eine hohe Wertigkeit zu, denn über dieses Feature kann organische Reichweite aufgebaut werden.

Comment: Kommentare sind direkt an den Absender gerichtet, werden aber auch von den Fans/Followern/Abonnenten des adressierten Accounts gesehen, zur Kenntnis genommen und gegebenenfalls rekommentiert. Kommentare sind eine wertvolle Interaktion, wenn es sich nicht nur um oberflächliche Floskeln, sondern um eine ausformulierte Reaktion handelt.

Like Follower Ratio (Engagement Rate)
Ihr Unternehmen möchte natürlich wissen, ob die Beiträge des
Influencers Reaktionen hervorrufen und damit Resonanz erzeugen. Mit
diesem Engagement-Wert werden die Likes in Relation zur Gesamtzahl
der Follower gesetzt und als prozentuale Kennzahl ausgewiesen. Eine
Follower-Ratio kann auch auf die Shares, Foto-Views, Page-Views oder
Videoaufrufe bezogen werden. Diese Engagement Rate wird weiter
gefasst, indem man die Likes und Kommentare eines Posts aufaddiert
und durch die Reichweite des Influencers teilt (siehe dazu Abschn. 9.1).

Comments per Post (Sentiment Rate)
Als absolute Kennzahl weist diese Kennzahl die Anzahl der
Kommentierungen auf einen einzelnen Post aus. Mit einer Sentiment
Rate lässt sich aus dem Verhältnis positive/negative/neutrale
Kommentare ein Meinungs- und Stimmungsbarometer ableiten. Mit
einer Sentiment-Analyse lassen sich die Kommentare (Kritik, Lob,
Verbesserungsvorschläge) inhaltlich auswerten (siehe dazu ausführlicher
Abschn. 9.2).

Topic Distribution Rate
Die Topic Distribution Rate stellt dar, wie oft ein Influencer
in Relation zu allen seinen Posts über einen bestimmten Inhalt
schreibt (Freese 2016). Dies zeigt bei einem insgesamt breiten
Themenspektrum des Influencer-Accounts an, wie viel Bedeutung er
einem bestimmten Unterthema beimisst, welches für Ihr Unternehmen
und Ihre Marke relevant ist. So könnte bspw. ein Kuchenblech-
und Backformenhersteller evaluieren, dass ein Ihn interessierender
Food-Blogger in Relation zu seinem gesamten Themengebiet zu 12 %
über Kuchenbleche und Backformen schreibt (Freese 2016). Die Topic
Distribution Rate wird anhand folgender Formel berechnet:

$$\frac{\text{Posts des Influencers zu Themengebiet x, y, z}}{\text{Gesamtzahl der Posts des Influencers}} \times 100 = \text{Topic Distribution Rate in \%}$$

Topic Engagement Rate

In Ergänzung dazu geht es bei der Topic Engagement Rate um die durch das Unterthema erzeugte Resonanz. Influencer-Marketingplattformen ermöglichen bspw. über eine keywordbasierte Suche die Selektion der Interaktionen auf themenrelevante Keywords (Freese 2016). Hierfür müssen alle Posts zu einem bestimmten Thema identifiziert und von diesen wird die Engagement Rate mit direktem Bezug nur zu diesem Thema berechnet (Freese 2016). So kann bspw. der Kuchenblech- und Backformenhersteller bei dem Food-Blogger evaluieren, welche Interaktion die Posts mit den Topic Keywords Kuchenbleche und Backformen hervorgerufen haben. Die Topic Engagement Rate bezieht aus der Gesamtzahl der Posts des Influencers nur diejenigen in die Berechnung mit ein, die das Keyword-Thema abdecken. Die Topic Engagement Rate stellt folgende Formel dar:

$$\frac{\text{Interaktionen zu Themengebiet (Keyword) x,y,z}}{\text{Posts zu Themengebiet (Keyword) x,y,z}} \times 100 = \text{Topic Engagement Rate in \%}$$

6.2   Eigenrecherche

Eine anspruchsvolle Aufgabe ist nun die Recherche mit der Identifizierung, Bewertung und letztendlich Auswahl infrage kommender Influencer. Eine Variante ist die Eigenrecherche, ohne oder gegebenenfalls teilweise mit externer Unterstützung durch Dienstleister (Abschn. 6.3).

Dagi Bee, Masha Sedgwick, Shirin David, Toni Mahfud, Marina the Moss. Ältere Mitarbeitergenerationen haben von diesen Personen gegebenenfalls noch nie gehört, vielleicht am ehesten noch Familienväter, die solche Namen bei ihrem influencerfolgenden Nachwuchs aufschnappen. Influencer präsentieren sich nur zum Teil mit ihrem natürlichen Namen, viele mit Kunst- oder Künstlernamen und nur wenige Bezeichnungen wie bspw. Bibis Beauty Palace bieten aus dem Namen des Accounts bereits einen deutlichen Hinweis auf das Themenspektrum. Aus den Kunst- oder Künstlernamen lässt sich kaum auf den ersten Blick ableiten, für welche Inhalte und Themengebiete diese Personen stehen.

Für eine Eigenrecherche müssen Mitarbeiter im Unternehmen identifiziert werden, die Social-Media-affin, gegebenenfalls Fan/Follower/Abonnent von Influencern sind und damit am ehesten ein intuitives Verständnis für die Wirkmechanismen der Social-Media-Kommunikation mitbringen. Gerade jüngere Mitarbeiter könnten dafür prädestiniert sein. Falls Sie bereits ein Onlinemarketingteam installiert haben, könnte die Recherche durch ihre Online- oder Social-Media-Experten durchgeführt werden. Diese betreuen gegebenenfalls unternehmenseigene Social-Media-Auftritte. Ihre interne Suche kann auch ergeben, dass Sie Hobby-Influencer beschäftigen (Abschn. 2.3). Mitarbeiter, die sich in hohem Maße mit der Markenwelt ihres Arbeitgebers identifizieren und diese Begeisterung auch privat über ihre eigenen Social-Media-Accounts transportieren.

Die Eigenrecherche erfolgt größtenteils internetbasiert. Über Blogverzeichnisse und Suchmaschinen können mit einer Keyword-Recherche auf Plattformen wie Twitter und Instagram, über Hashtag-Recherchen Influencer identifiziert werden, die eine inhaltliche Relevanz zu Ihren Themen aufweisen. Des Weiteren kann die Suche auch durch Datenbanken, Recherche- und Analysetools unterstützt werden (Abschn. 6.4). In Fachzeitschriften und auf Statistik-Portalen (https://de.statista.com/) werden für verschiedene Plattformen oder Blogger-Themen Rankings veröffentlicht. Diese orientieren sich vornehmlich an der organischen Reichweite, gegebenenfalls noch mit weiteren Kennzahlen wie der Like Follower Ratio oder dem Media Value per Post angereichert. Mit Suchbegriffen können auch die sozialen Netzwerke direkt nach relevanten Themen und Influencern durchforstet werden.

Mit dem Besuch von Events, auf denen sich Influencer ihren Fans präsentieren, bspw. die VideoDays (https://www.videodays.eu/) oder die gamescom (http://www.gamescom.de/gamescom/index-8.php) können sich Unternehmensvertreter ein persönliches Bild infrage kommender Influencer verschaffen, denn es ist für die Auswahl auch wichtig, wie sich der Influencer in der Öffentlichkeit präsentiert, ob er ein sympathisches Auftreten zeigt, indem er Fannähe sucht und Fanwünsche, wie bspw. Autogramme und Selfies, geduldig bedient. Auch das Offlineauftreten muss zur Marke, zum Produkt, zum Unternehmen passen (Abschn. 6.1.2).

Wenn es bei der Auswahl von Influencern um den Aufbau nachhaltiger Beziehungen geht, sollte von vorneherein auch der Aufbau eines Netzwerkes in Erwägung gezogen werden. Also ein erweitertes Screening mit dem Einbezug von Personen, mit denen vielleicht nicht sofort, aber mittelfristig eine Zusammenarbeit vorstellbar ist. Erstellen Sie über Ihre infrage kommenden Influencer Dossiers mit relevanten Informationen, integrieren Sie in das Dossier die für Sie wichtigen Ausprägungen der Reichweite, Relevanz und Resonanz.

6.3   Influencer-Marketing-Agenturen

Wenn in Ihrem Unternehmen keine oder eine nur gering ausgeprägte Social-Media-Kompetenz vorhanden ist, dann ist gerade in der Startphase des Influencer Marketings anzuraten, die ersten Schritte mit professioneller Agenturunterstützung zu gehen (Hedemann 2014). Social-Media-Agenturen spezialisieren sich zunehmend auf das Influencer Marketing, sie kennen sich in der Szene aus und bieten direkte Vermittlungsleistungen. Grundsätzlich ist dabei zu bedenken, dass es auf langfristige Sicht sinnvoll ist, eine persönliche und direkte Beziehung zu Influencern aufzubauen und nicht ausschließlich auf eine Agentur als Mittler zu setzen (Hedemann 2014). Dazu bedarf es auf Unternehmensseite eines festen Ansprechpartners, nicht nur gegenüber dem Influencer, sondern auch im Zusammenspiel mit einer Agentur (Hedemann 2014).

Die Einschaltung einer Agentur muss in das Budget einkalkuliert werden. Kapitalstarken Unternehmen fällt es natürlich leichter, finanzielle Ressourcen bereitzustellen. Kleinere Unternehmen sehen sich der Herausforderung gegenübergestellt, die Kosten des Know-how-Aufbaus mit dem Nutzen des Outsourcings an eine Agentur abzuwägen, da sie bei knappen Ressourcen weniger Handlungsspielraum besitzen als größere Unternehmen.

> Auch bei Einschaltung externer Dienstleister sollte auf lange Sicht eine persönliche Kommunikation und direkte Zusammenarbeit mit Influencern etabliert werden.

Erfolgreiche und begehrte Influencer lassen sich zunehmend professionell vertreten. Diese Agenturen (Influencer-Management-Agenturen) bzw. Agenten vermitteln die „Buchung ihrer Influencer". Vergleichbar ist dieses Modell mit einer klassischen Künstleragentur oder einem Spielerberater im Profisport. Diese Vermittlungsleistung hat das primäre Ziel, dem Influencer lukrative Aufträge zu verschaffen und über die Beteiligung an seinen Einnahmen Provision zu generieren. Des Weiteren finden sich Agenturen (Social-Media-Agenturen, Influencer-Marketing-Agenturen), die im Auftrag der Unternehmen geeignete Influencer suchen und gerne auch nach erfolgreicher Vermittlung das Kampagnenmanagement (Kap. 8) betreuen wollen. Sie verfügen über entsprechendes Know-how, bedienen sich professioneller Screeningtools und verfügen über etablierte Kontakte, manche sind dabei auf einzelne soziale Netzwerke spezialisiert. Je mehr Dienstleister zwischen Unternehmen und Influencer stehen, desto höher die Kosten, vor allem in einem Szenario, wenn der Influencer durch eine Agentur vertreten wird und auch das Unternehmen eine Influencer-Marketing-Agentur verpflichtet hat (Firsching 2017).

Die Einschaltung einer Agentur bietet die Optionen eines kompletten Outsourcings oder eines selektiven Outtaskings von Teilleistungen in Ergänzung zur Eigenrecherche. Die Einschaltung eines qualifizierten Dienstleisters erleichtert es, den richtigen Influencer auszuwählen. Mit einer Agentur kann auch vereinbart werden, dass Unterstützung beim Aufbau von internem Know-how ein Bestandteil der Beauftragung ist.

Die Agenturszene rund um das Influencer Marketing ist sehr fragmentiert und wächst dynamisch, da immer mehr Dienstleister sich in diesem lukrativen Marktumfeld positionieren. Unternehmen sehen sich somit einer Vielzahl an potenziellen Marktpartnern gegenüber, die Auswahl einer passenden Agentur erfordert ein strukturiertes Screening des Marktes und eine intensive Auseinandersetzung mit infrage kommenden Agenturen. Diese sollten sorgfältig auf ihr Leistungsspektrum evaluiert werden. Auch wenn dies personelle Ressourcen bindet und einen gewissen Zeithorizont beansprucht, dies sollte von Unternehmensseite investiert werden. Schnelle Beauftragungen ohne detaillierte Evaluierung sind fehl am Platz, denn die Influencersuche unterstützende Agentur empfiehlt sich vielleicht auch als ein Partner für die spätere Umsetzung und Steuerung von Influencer-Kampagnen und damit für eine langfristige Zusammenarbeit.

Zu empfehlen ist, einen Pitch mit mehreren Agenturen durchzuführen und die Option einer Zusammenarbeit detailliert zu verhandeln. Durch diesen direkten Vergleich schaffen Sie sich ein valides Bild von der Leistungsstärke und den Preisstrukturen infrage kommender Agenturen. Auch hier gilt es zu betonen: Augenhöhe etablieren! Die Agentur wird auf Basis eines Briefings tätig, welches zwischen Ihnen und der Agentur abgesprochen wird. Ihre Zielsetzung muss präzise definiert und das Ergebnis der Zusammenarbeit, bspw. eine Shortlist mit aussagekräftigen Dossiers über die geeignetsten Kandidaten, konkretisiert werden. Im Folgenden finden Sie eine Reihe von Auswahlkriterien, die bei einem Agentur-Pitch berücksichtigt werden können:

Auswahlkriterien Agentursuche

- Dauer der Geschäftstätigkeit in Jahren
- Kundenstruktur: Branchen(-spezialisierung), Produkt- und Themenschwerpunkte. Erfahrung mit Konkurrenzunternehmen?
- Nutzung eines erprobten Vorgehensmodells für die Bearbeitung von Kundenaufträgen?
- Wahlmöglichkeit einzelner Aufgabenpakete im Kontext eines kunden-individuell anpassbaren Baukastensystems
- Umfang, Qualität und Aktualität der Influencer Datenbanken (Anzahl gelisteter/registrierter Influencer)
- Professionalität des Screening-Prozesses: Kriterienkatalog für die Identifizierung und Auswahl von Influencern
- Ausgewogene Zusammensetzung des von der Agentur bereitgestellten operativen Kundenteams (Alter, Kompetenz, Erfahrung, hierarchische Struktur)
- Kommittent zu fest zugeordneten Ansprechpartnern auf entsprechend hierarchischen Ebenen während der gesamten Laufzeit der Beauftragung
- Gestaltung der Kommunikations-, Abstimmungs- und Freigabeprozesse zwischen Agentur und Unternehmen
- Bereitstellung detaillierter Kampagnenauswertungen mit relevanten Kennzahlen. Möglichkeit des eigenen Zugriffs auf Echtzeit-Reportings?
- Juristische Fachexpertise und Unterstützung bei rechtlichen Fragestellungen?

- Honorarmodell (Festpreis oder nach Aufwand, Tages- oder Stundensätze, Pauschalen) und Abrechnungsmodalitäten
- Referenzen, Best Practices und Case Studies

6.4   Softwaretools für die Influencersuche

Mittlerweile existiert eine Vielzahl von softwarebasierten Tools zur Unterstützung der Influencersuche. Diese können in vier Kategorien unterteilt werden: die eigenen Recherchetools der sozialen Netzwerke, Blogverzeichnisse, plattformübergreifende Recherche- und Vermittlungstools als Marktplätze sowie eigenentwickelte Recherchetools der Influencer-Marketing-Agenturen.

Recherchetools der sozialen Netzwerke
Die sozialen Netzwerke verfügen mit Instagram Analytics, Twitter Analytics, Facebook Insights und YouTube Analytics über eigene Recherchetools für Werbekunden. Damit können detaillierte Daten, Kennzahlen und Statistiken über die Soziodemografie der Netzwerkmitglieder und deren Nutzungsverhalten (Reichweite, Geschlecht, Alter, Herkunft, Nutzungsintensitäten und Interaktionsverhalten) ausgelesen werden. Alternative und unabhängige Toolanbieter haben Datenbanken und Suchalgorithmen entwickelt, nach denen eine Grob- und Feinauswahl von Influencern vorgenommen werden kann. Diese nach einer kurzen Testphase meist kostenpflichtigen Tools sind teilweise nur auf einzelne Netzwerke spezialisiert. Da es über die plattformeigenen Analysetools die valideren Statistiken gibt, alternative Recherchetools aber häufig weitere Features integriert haben, empfiehlt sich durchaus eine Kombination aus beiden.

Blogverzeichnisse
Für die Suche nach geeigneten Bloggern existieren eine Vielzahl von Tools, Datenbanken, Plattformen und Onlineverzeichnissen. Blogger melden dort eigenständig ihren Blog an und hinterlegen Profile.

Neben dem Abruf von Rankings und Statistiken ist eine thematische Suche mit Keywords möglich. Dies erleichtert die Recherche nicht nur nach Themen, sondern auch die Möglichkeit, einen ersten Eindruck aus der Profilbeschreibung des Bloggers zu gewinnen. Für die Influencersuche sollten mehrere dieser Blogverzeichnisse durchforstet werden, nicht jeder Influencer ist in allen relevanten Verzeichnissen gelistet.

Plattformübergreifende   Recherche-   und   Vermittlungstools (Marktplätze)

Viele Influencer melden sich auf speziellen Plattformen an, auf denen sie ein Profil mit ihren Kompetenzen und Erfahrungen hinterlegen. Diese Plattformen bieten als digitale Marktplätze eine Mittlerfunktion. Unternehmen schreiben Aufträge aus, Influencer reagieren und bewerben sich für eine Zusammenarbeit. Über Marktplätze kommt eine direkte Geschäftsbeziehung zwischen Influencer und Unternehmen zustande, für die erfolgreiche Vermittlung wird eine Provision gezahlt. Vorteil für Unternehmen ist die Gegenüberstellung und der direkte Vergleich von Influencer-Profilen. Die Transparenz wird durch individuelle Wertigkeits-Scores befördert. Matching-Algorithmen gewichten und bewerten Performance- und Zielgruppendaten des Influencer-Profils, ergänzt um einen geschätzten Preis für Postings. Die Tools unterscheiden sich vielfältig in ihrem Leistungsspektrum, ihrer Spezialisierung, den Features, Services und Gebühren. Dies erschwert eine direkte Vergleichbarkeit. Welcher der Marktplätze infrage kommt, muss unternehmensindividuell evaluiert werden. Neben deutschen Anbietern sind viele US-amerikanische Dienstleister in diesem Marktfeld präsent.

Recherchetools von Influencer-Marketing-Agenturen

Neben dem Angebot einer reinen Vermittlungsleistung gibt es Agenturen, die über das Matching hinaus auch Beratungs- und Kreativleistungen rund um die Durchführung von Influencer-Kampagnen anbieten. Diese betreiben eigene Datenbanken, wollen aber über die Vermittlung hinaus auch das Kampagnenmanagement im Auftrag des Unternehmens begleiten.

Ihr Transfer in die Praxis

- Entwickeln Sie ein individuelles Bewertungsschema mit einer auf Ihr Unternehmen zugeschnittenen Gewichtung von Reichweite, Relevanz und Resonanz.
- Prüfen Sie, ob personelle Ressourcen in Ihrem Unternehmen für die Aufgabe einer eigenorganisierten Recherche einsetzbar sind.
- Verschaffen Sie sich einen Marktüberblick über die Influencer-Agentur-Szene.
- Erstellen Sie ein Scoring-Modell für die Suche nach externen Dienstleistern und gewichten Sie die für Ihr Unternehmen wichtigen Kriterien für die Beauftragung einer Influencer-Marketing-Agentur.

Literatur

Deges, F. (2017). Influencer Marketing. *WISU (5)*, 582–588.

Firsching, J. (2017). Influencer Relations-Beziehungen sind die treibende Kraft der Influencer Kommunikation. http://www.futurebiz.de/artikel/influencer-relations/. Zugegriffen: 3. Apr. 2018.

Freese, J. (2016). Der Weg zum richtigen Influencer: Ohne Daten kein Erfolg! https://www.lead-digital.de/aktuell/mobile/der_weg_zum_richtigen_influencer_ohne_daten_kein_erfolg. Zugegriffen: 24. Nov. 2017.

Hedemann, F. (2014). Influencer Marketing I: Was sind Influencer und wie findet man sie? https://upload-magazin.de/blog/9469-influencer-marketing-i-was-sind-influencer-und-wie-findet-man-sie/. Zugegriffen: 20. Nov. 2017.

Hettler, U. (2010). *Social Media Marketing*. München: Oldenbourg.

Homburg, C. (2017). *Marketingmanagement*. Wiesbaden: Springer Gabler.

Kamps, I. (2018). Fraud Accelerator: Wie sich Influencer-Fake gegenseitig hochschaukelt. https://www.internetworld.de/social-media/expert-insights/fraud-accelerator-influencer-fake-gegenseitig-hochschaukelt-1467120.html. Zugegriffen: 29. März 2018.

Markerly (2017). Instagram Marketing: Does Influencer Size matter? http://markerly.com/blog/instagram-marketing-does-influencer-size-matter/. Zugegriffen: 7. Apr. 2018.

7

Vierter Schritt: Verhandlung der Zusammenarbeit

Was Sie aus diesem Kapitel mitnehmen

- Wie durch eine persönliche Ansprache die Kontaktaufnahme erfolgreich gestaltet wird.
- Was bei der Ausgestaltung der Kooperationsform beachtet werden muss.
- Welche Vergütungsmodelle sich etabliert haben und wie der Einsatz von Influencern honoriert werden kann.
- Welche Inhalte Bestandteil einer schriftlichen Kooperationsvereinbarung sein sollten.

Der Aufbau und die Festigung einer gewinnbringenden Beziehung zwischen Influencern und Unternehmen ist ein längerfristiger Prozess und bindet Ressourcen (Zeit, Personal, Budget). Der Prozess ist idealtypischerweise so gestaltet: Nach der erfolgreichen Kontaktaufnahme und dem ersten Kennenlernen erfolgt eine Absprache über die Form und Ausgestaltung der Kooperation. Die Vergütung wird ausgehandelt und am Ende steht eine schriftliche Fixierung der Absprachen in Form einer Kooperationsvereinbarung.

© Springer Fachmedien Wiesbaden GmbH, ein Teil von Springer Nature 2018
F. Deges, *Quick Guide Influencer Marketing,* Quick Guide,
https://doi.org/10.1007/978-3-658-22163-8_7

In den Anfangsjahren des Influencer Marketings haben viele Unternehmen auf vertragliche Vereinbarungen verzichtet. Sie verschickten unaufgefordert Produkte und baten um eine positive Berichterstattung. Eine Versendung nach dem „Gießkannenprinzip" in der Hoffnung, dass bei einer breiten Ansprache zumindest einige über das Produkt berichten, ist nicht zielführend. Etablierte Influencer erhalten eine Vielzahl an Anfragen. Möchten Sie tatsächlich unaufgefordert Produkte versenden, so sollte zumindest vorab ein Screening infrage kommender Influencer, welche gegebenenfalls schon durch positive Erwähnungen Ihrer Marke aufgefallen sind, zugrunde gelegt werden. Anstelle von Produkten können Sie auch Gutscheine versenden, damit Influencer bei Interesse aktiv werden müssen, um Produkte, die Sie testen wollen, bei Ihnen anzufordern.

Bei einer unaufgeforderten Produktzusendung werden Influencer sich nicht verpflichtet fühlen, darauf zu reagieren. Insbesondere dann, wenn die Produktsendung von einem eher unpersönlichen Massenanschreiben begleitet ist. Ein wertvolles Produkt kann natürlich eine Reaktion in Form reziproken Verhaltens auslösen, wenn sich der Influencer verpflichtet fühlt, die Gefälligkeit mit einer positiven Produktbewertung zu erwidern (siehe Abschn. 1.2). Häufig wird auch von noch nicht etablierten Influencern der umgekehrte Weg eingeschlagen. Diese kontaktieren von sich aus Unternehmen und bieten eine Zusammenarbeit an. In diesem Szenario kann von einer positiven Bereitschaft für eine Produktbewertung ausgegangen werden.

7.1 Kontaktaufnahme

Unternehmen müssen sich bewusst sein, dass nicht jeder Influencer sehnsüchtig auf Kooperationsanfragen wartet. Auf einige trifft dies sicher zu, wenn sie sich als noch nicht etablierte Influencer über Kooperationen einen Reichweitenzuwachs und eine Monetarisierung ihrer Aktivitäten erhoffen. Gerade die schon bekannten Influencer werden mit viel Aufmerksamkeit hofiert, da kommt es zur schnellen Ablehnung von Anfragen oder es wird gar nicht reagiert, wenn die Kooperationsanfrage vom Stil, Inhalt und Intention nicht überzeugt.

Folgende Schritte sollten Unternehmen bei der Kontaktaufnahme beachten:

1. Beobachten, sich einbringen und interagieren

Influencer erwarten, dass sich Unternehmen im Vorfeld der Kontaktaufnahme mit ihrem Account auseinandersetzen (Hedemann 2014). Bevor Sie den direkten Kontakt suchen, sollten Sie dem Account des Influencers folgen, also selber Fan/Follower/Abonnent werden. Dadurch lernen Sie seine Art der Kommunikation und seinen Stil der Informationsdarstellung kennen. Lesen Sie die Kommentierungen der Fans/Follower/Abonnenten und machen Sie sich ein Bild über die Resonanz. Wecken Sie die Aufmerksamkeit des Influencers, indem Sie seine Beiträge kommentieren und sich an Diskussionen beteiligen (Hedemann 2014). Damit signalisieren Sie Interesse.

2. Das passende Kontaktmedium auswählen

Die Kontaktaufnahme kann per Telefon oder per Mail/Kontaktformular erfolgen. Der Telefonanruf ermöglicht eine schnelle Reaktion, beinhaltet aber auch die Gefahr, den Influencer in einem ihm unpassenden Zeitfenster zu kontaktieren. Es entsteht gegebenenfalls ein falscher erster Eindruck. Die Mail als asynchrones Kommunikationsmedium ist das geeignetere Kontaktmedium. Der Influencer erhält Ihre Anfrage, kann Ihr Anliegen abwägen und reagiert darauf zu einer Ihm genehmen Zeit. Ein Termin für ein Telefongespräch kann abgesprochen werden. Dann wären beide auf ein persönliches Kennenlernen vorbereitet. Viele Influencer integrieren ein sog. Media-Kit in ihren Account. Als „virtuelle Bewerbungsmappe" enthält es in der Regel eine persönliche Vorstellung mit Kontaktdaten, Informationen zur inhaltlichen Ausrichtung des Accounts, Kennzahlen und Statistiken zur Community sowie gegebenenfalls eine Referenzliste erfolgreicher Kooperationen. Influencer, die von sich aus eine Partnerschaft offerieren, listen dort ihre bevorzugten Content-Formate auf.

3. Den idealen Ansprechpartner bestimmen

Der Aufbau einer persönlichen Beziehung beginnt schon bei der ersten Kontaktaufnahme mit einem Ansprechpartner auf adäquater Ebene. Sie müssen festlegen, wer den Kontakt zum Influencer aufbaut. Diese Aufgabe sollte nicht per Zufallsprinzip an einen gerade nicht ausgelasteten oder nicht ausreichend dafür qualifizierten Mitarbeiter delegiert werden. Es geht ja um den Startschuss einer gegebenenfalls langfristigen Zusammenarbeit und die Wahl eines qualifizierten Ansprechpartners bringt dem Influencer Ihre Wertschätzung zum Ausdruck. Jüngere und damit meist auch Social-Media-affine Mitarbeiter eignen sich für diese Aufgabe. Damit ist am ehesten eine Kommunikation auf Augenhöhe gewährleistet.

4. Kontakt aufnehmen

Auch wenn mehrere Influencer kontaktiert werden, jedes Anschreiben sollte persönlich und individuell verfasst sein. Planen Sie ausreichend Zeit für die Kontaktaufnahme ein, es vergehen schnell mehrere Wochen, bevor eine erste Reaktion von populären Influencern erfolgt. Bedenken Sie, dass Sie die Initiative für einen Kontakt aufnehmen und nicht umgekehrt. Sie wollen das Interesse des Influencers wecken (Hedemann 2014). Wertschätzen Sie sein bisheriges Engagement, damit zeigen Sie, dass Sie sich im Vorfeld der Kontaktaufnahme mit ihm auseinandergesetzt haben. Formulieren Sie präzise Ihre Vorstellungen und Erwartungen und finden Sie dabei das richtige Maß an Informationstiefe, zu viele Details und Vorgaben schrecken ab (Hedemann 2014). Vermitteln Sie nicht den Eindruck, dass sich der Influencer glücklich schätzen könne, von Ihnen als „Werbeträger" ausgewählt worden zu sein (Hedemann 2014). Überzeugen und motivieren Sie ihn, indem Sie darstellen, welchen Mehrwert er in dieser Kooperation für seine weitere Entwicklung realisieren kann (Hedemann 2014).

5. Die nächsten Schritte vereinbaren

Nicht jeder Influencer wird auf Ihre Anfrage reagieren, vor allem dann nicht, wenn er viele Kooperationsanfragen erhält und/oder bereits mit anderen Kooperationspartnern gewinnbringend zusammenarbeitet. Wenn es bei einer positiven Rückmeldung des Influencers um eine gemeinsam zu gestaltende Zusammenarbeit geht, so wäre die Vereinbarung eines persönlichen Gespräches der zielführende nächste Schritt. Geht es nur darum, dass Sie Influencer um einen Produkttest gebeten haben, so kann dem Influencer das Produkt mit einem Briefing über die Erwartungen und Wünsche hinsichtlich der Produktdarstellung zugesendet werden. Durch die vorherige Kontaktaufnahme ist sichergestellt, dass er an einem Produkttest interessiert ist.

7.2 Kooperationsformen

Nach der erfolgreichen Kontaktaufnahme geht es um die Ausgestaltung der Rahmenbedingungen einer Zusammenarbeit. Je nach Zielsetzung (Abschn. 4.3) können einmalige und damit eher kurzfristige Kooperationen und langfristige Kooperationen unterschieden werden. Die Intention, eine langfristige Kooperation zu etablieren, muss als Basis zunächst mal eine erste erfolgreiche Influencer-Kampagne hervorbringen. Denn wenn die erste Kampagne nicht den gewünschten Effekt erzielt oder sich die Zusammenarbeit mit dem Influencer als schwierig erweist, so wird es gegebenenfalls keine weiteren Kampagnen geben. Auch ein Influencer wünscht Planungssicherheit. Die Aussicht auf eine langfristige Kooperation kann eine höhere Motivation hervorrufen, die sich in einem besonderen Engagement in der ersten Kampagne niederschlägt.

Kurzfristige Kooperationen eignen sich für zeitlich limitierte Aktionen wie bspw. die Steigerung der Abverkaufszahlen. In Verbindung mit einem Rabattcode kann ein kurzfristiger Abverkauf von Saisonware forciert werden (Ruff 2016). Vorteil ist, dass Überschussbestände schneller abgebaut werden und Lagerkapazität für neue Ware frei wird. Ebenso können Events beworben werden, bspw. die Roadshow eines Unternehmens oder ein Messeauftritt. Anmeldelinks im Influencer-Account animieren die Zielgruppe zur Teilnahme, insbesondere dann, wenn der Influencer auf der entsprechenden Veranstaltung anwesend sein wird (Ruff 2016). Eine einmalige Kooperation kann auch in Verbindung mit der Steigerung von Anmeldezahlen oder Abonnements stehen. Messbar wird der Erfolg kurzfristiger Kooperationen durch die Zahl der Conversions (siehe detaillierter Abschn. 9.1), die in der Laufzeit der Aktion generiert wurden und durch die Verlinkung dem Influencer als Erfolg zugeschrieben werden können (Ruff 2016).

Langfristige Kooperationen eignen sich zur Steigerung der Markenbekanntheit und zum Imageaufbau. Mit einer nur einmaligen und kurzfristigen Inszenierung von Produkten werden keine nachhaltigen Erinnerungswerte in der Zielgruppe geschaffen (Ruff 2016). Erst durch häufige Wiederholungen von Werbebotschaften kann eine emotionale Bindung zum beworbenen Produkt hergestellt werden, die zu einer stabilen Gedächtnisrepräsentation führt (Meffert et al. 2015, S. 721).

Als Unternehmer bzw. Marketingmanager müssen Sie entscheiden, zu welchem Zeitpunkt der Verhandlung Sie sich ins Spiel bringen. Älteren Marketingmanagern fehlt gegebenenfalls das intuitive Verständnis für die Wirkmechanismen von Social Media. Für sie ist es vielleicht das erste Mal, sich einer sehr jungen Person gegenüberzustellen und diese als Experten und Verhandlungspartner auf Augenhöhe zu akzeptieren. Dies ist eine gute Gelegenheit, Verantwortung an jüngere Mitarbeiter zu delegieren, die sich für die Übernahme verantwortungsvollerer Aufgaben qualifizieren möchten.

Geben Sie den Verhandlungsspielraum vor, damit es nicht permanent zu Verzögerungen durch Rückfragen kommt. Sind die Details ausgehandelt, kommen Sie hinzu, denn der Influencer wünscht auch eine Wertschätzung in der Form, dass er durch einen Entscheider des Unternehmens wahrgenommen wird. Die Unterzeichnung einer Kooperationsvereinbarung (siehe Abschn. 7.4) sollte deshalb mit Ihrer ranghohen Beteiligung vollzogen werden. Auch sehr junge Influencer erwarten einen respektvollen Umgang.

7.3   Vergütungsmodelle

Influencern sagt man nach, sie seien intrinsisch motiviert, d. h. ein innerer Anreiz, der in der Tätigkeit selbst liegt, treibt sie zu Ihrer Tätigkeit an, die sie als nutzenstiftend und persönlich bereichernd empfinden. Eine „Belohnung" in Form monetärer Gegenleistungen war am Anfang meistens nicht die Intention für die intensive Beschäftigung mit einem Themengebiet gewesen. In den Anfangsjahren des Influencer Marketings ließen sich Influencer noch mit Produktproben, Werbegeschenken oder Incentives gewinnen. Es fehlten Richtwerte hinsichtlich einer angemessenen Vergütung. Unternehmen, die erste Kampagnen durchführten, wurden mit einem ausgezeichneten Preis-Leistungsverhältnis belohnt (Faltl und Freese 2017). Durch die zunehmende Professionalisierung sind sich viele Influencer durch die steigende Anfrage nach Kooperationen ihres ökonomischen Wertes sehr bewusst und fordern angemessene Vergütungen. Nicht wenige Influencer konzentrieren sich hauptberuflich auf ihre Tätigkeit und verdienen damit ihren Lebensunterhalt. Influencer sind keine Idealisten mehr, auch wenn sie ihre Tätigkeit mit Leidenschaft und Überzeugung ausüben (Deges 2017, S. 587).

Bei der Vergütungsfrage muss das Unternehmen berücksichtigen, dass Influencer erheblich Zeit in die Pflege ihres Accounts investieren, bspw. in Fotoshootings für Bilderstrecken auf Instagram oder Videoproduktionen für YouTube. Der hohe Zeitaufwand spiegelt sich in der zunehmenden Professionalität, in der solche Fotostorys umgesetzt werden (professionelles Kamera-Equipment, sorgfältiges Screening der Locations, gedankliche Auseinandersetzung mit der Art der Inszenierung, Make-up und Styling).

Die Honorierung des Engagements des Influencers muss individuell ausgehandelt werden. Aus dem Gesprächsfluss der Kooperationsverhandlung ergibt sich, wer als erster die Vergütungsfrage thematisiert. Falsch wäre es, die Frage an den Influencer weiterzugeben, ohne vorher ausgelotet zu haben, wie sich Ihr Unternehmen eine Kompensation vorstellen kann. Überlegen Sie, wie eine „Win-win"-Situation geschaffen werden kann, in der Ihr Unternehmen und auch der Influencer voneinander profitieren. Hat der Influencer bereits klare Vorstellungen, dann wird er diese auch selbstbewusst artikulieren. Sehr junge Influencer sind gegebenenfalls noch unerfahren in Honorarverhandlungen und haben keine konkreten Vorstellungen. Auf beide Szenarien sollten Sie gut vorbereitet sein.

> Je besser sie vorbereitet sind, desto zielführender können bereits im ersten Gespräch die Modalitäten einer Vergütung detailliert verhandelt werden.

Die Honorierung der Leistungen des Influencers kann ein Mix aus extrinsischen und intrinsischen Elementen sein. Neben der rein monetären (extrinsischen) Kompensation (Abschn. 7.3.1) können auch materielle (extrinsische) und immaterielle (intrinsische) Incentivierungen angeboten werden (Abschn. 7.3.2).

> Ideal ist eine Vergütung des Influencers auf Basis eines messbaren Erfolgs seiner Aktivitäten.

7.3.1 Monetäre Kompensation

Folgende Komponenten einer monetären Kompensation haben sich im Influencer Marketing etabliert:

- **Vergütung pro Sponsored Post**
  Influencer mit hoher Reichweite und Popularität verlangen bereits eine Vergütung, wenn sie nur einen Post veröffentlichen. Das Honorar richtet sich nach einem auszuhandelnden Festbetrag pro Sponsored Post (Text, Bild, Video). Die Höhe der Forderung schwankt erheblich in Bezug auf die zu bespielenden sozialen Netzwerke, der Reichweite der Influencer und der Relevanz/Resonanz ihrer Themen. Die Bandbreite reicht von geringen dreistelligen Beträgen bei Micro Influencern bis zu hohen fünfstelligen Honoraren bei populären Macro Influencern. Eine Orientierungshilfe für Verhandlungen bietet der Media Value per Post (Abschn. 6.1.1), der über Datenbanken und Statistiktools recherchiert werden kann.

- **Prämie pro Leadgenerierung, Neukundengewinnung**
Es wird eine Prämie gezahlt, wenn über den Influencer ein Lead generiert (Pay per Lead) oder ein neuer Kunde für das Unternehmen gewonnen wird. Primär erfolgsabhängige Vergütungen haben den Vorteil, dass die „Belohnung" des Influencers am messbaren Erfolg des Unternehmens gekoppelt ist.

- **Umsatzbeteiligung/Provision (bei direkten Weiterleitungen in den Onlineshop)**
Bei dieser Komponente handelt es sich ebenfalls um eine messbare Erfolgsbeteiligung. Werden über einen Affiliate-Link Fans/Follower/ Abonnenten in den Onlineshop geleitet, so wird Traffic generiert, der zu einem durch die Empfehlung beförderten Kaufabschluss führen kann. Die Umsatzbeteiligung erfolgt nur, wenn es zu einem erfolgreichen Kaufabschluss kommt. Die Auszahlung sollte erst nach Ablauf der bei einem Fernabsatz durch den Gesetzgeber vorgeschriebenen Widerrufsfrist (nach § 355 Absatz 2 BGB mindestens 14 Tage bei Onlinekäufen) erfolgen, damit nur die unwiderruflich realisierten Verkäufe abzüglich der Retouren die Berechnungsgrundlage für die Provision bilden. Die dann zu zahlende Provision (Pay per Sale) muss individuell ausgehandelt werden.

- **Pauschalen (Zeit- und Materialaufwand) für Produkttests und Dienstleistungsbewertungen**
Eine Honorierung kann auch als Erstattung von Zeit- und Materialaufwand für das Testen eines Produktes oder für die Bewertung einer in Anspruch genommenen Dienstleistung vereinbart werden. Wenn Influencer hochwertiges Video-/Fotoequipment zur Verfügung stellen, so kann eine Pauschale für die Bereitstellung des Equipments oder den Ersatz von durch den Produkttest in Anspruch genommenen Verbrauchsmaterialien vereinbart werden. Der Zeitaufwand für das gegebenenfalls mehrtägige Testen eines Produktes/einer Dienstleistung kann mit einem Stundensatz oder Tagessatz vergütet werden. Reisekosten und Spesen fallen an, wenn eine Ortsveränderung mit dem Produkttest verbunden ist, bspw. wenn ein Reiseblogger an einer Kreuzfahrt teilnimmt und über die Reise berichtet. Food-Blogger investieren Zeit in die Zubereitung und Erprobung von neuen Rezepten rund um Produkte, die sie empfehlen.

> Eine Vergütung nach dem Tausender-Kontakt-Preis (TKP) ist nicht von Vorteil. Das Unternehmen zahlt für eine gegebenenfalls durch Manipulation künstlich aufgebaute Fake-Reichweite.

7.3.2 Materielle und immaterielle Incentivierungen

Die Honorierung muss nicht zwingend eine monetäre Vergütung sein. Bei noch nicht lange aktiven Influencern kann ein Mehrwert in der Unterstützung durch das Unternehmen beim Aufbau von Reputation und Reichweite liegen. Incentivierungen sollen motivieren und wertschätzen, sie stellen eine Art von „Belohnung" dar und können materieller oder immaterieller Natur sein. Zu den eher immateriellen Incentivierungen können folgende Angebote gezählt werden:

- **Exklusive Einblicke in das Unternehmen (Unique Experiences)**
  Der Influencer wird zu hochrangigen Events wie Modeschauen, Premieren, Galas oder Produkt-Previews eingeladen und darf über seine Eindrücke und Erfahrungen berichten.
- **Kontakt zu (hochrangigen) Entscheidungsträgern des Unternehmens**
  Ein persönliches Treffen mit hochrangigen Unternehmensvertretern wie bspw. dem Vorstand oder dem Chefdesigner darf vom Influencer als Interview in seinem Account veröffentlicht werden.
- **Exklusive Inhalte und Informationen zur Erstverwertung (Unique Content)**
  Die Erstverwertung von exklusiven Informationen und Insiderwissen befördert das Ansehen des Influencers in seiner Community. Unique Content hilft jungen Influencern beim Aufbau von Reichweite. Zu solchen exklusiven Angeboten kann bspw. das Betatesting eines neuen Onlineangebotes gehören oder der Preview von Szenen eines gerade erst fertiggestellten Kinofilms, Informationen über ein in Kürze verfügbares neues Produktfeature oder das Testfahren eines neuen Autotyps (Erlkönig).

Materielle Incentivierungen, die einen geldwerten Vorteil darstellen, aber nicht in Form eines festen Honorars gezahlt werden, können ebenfalls einen wertschätzenden Anreiz für den Influencer darstellen. Dazu zählen folgende Komponenten:

- **Bereitstellung von Goodies/Giveaways**
  Der Influencer kann beim Ausbau der Reichweite und seiner Profilierung unterstützt werden, indem er Produkte, Produktproben, Goodies/Giveaways zur Weitergabe/Verlosung an seine Community erhält. Goodies können in Form von Gutscheinen oder Probepackungen bereitgestellt werden. Giveaways sollten schon etwas hochwertigere nutzenstiftende Werbeartikel sein und keine Plastikkugelschreiber oder Schlüsselanhänger mit Firmenlogo.
- **Geschenke**
  Aus dem Sortiment des Unternehmens können hochwertige Produkte oder die zeitlich begrenzte Nutzung eines exklusiven Produktes als Gegenleistung ausgelobt werden. Ein Automobilhersteller kann bspw. für die Dauer einer gesponserten Reise die Sonderedition eines hochwertigen Fahrzeugs zur Verfügung stellen, wenn der Influencer im Gegenzug Berichte über seine Erfahrungen mit den Fahreigenschaften postet. Hochwertige Incentive-Reisen, gegebenenfalls in Verbindung mit der Teilnahme an einem besonderen Event wie bspw. der Besuch eines Filmfestivals oder der VIP-Lounge und des Fahrerlagers bei einem Formel-1-Rennen können fremdvermittelte Belohnungen sein, die nicht im direkten Zusammenhang mit dem Leistungsangebot des Unternehmens stehen, aber durch den limitierten Zugang einen besonderen Anreiz im Sinne einer Unique Experience darstellen.
- **Jobangebot/Jobvermittlung**
  Viele Influencer sehen ihre Tätigkeit nicht als professionelle Beschäftigung zur langfristigen Bestreitung ihres Lebensunterhalts. Gerade sehr jungen Influencer könnte ein professionelles Coaching angeboten werden, welches sie bei der beruflichen Karriereplanung unterstützt. Influencer wären natürlich auch geeignete Kandidaten,

Tab. 1.1 Bausteine der Vergütung von Influencern. (Adaptiert nach Deges 2017, S. 587; mit freundlicher Genehmigung von © Lange Verlag Düsseldorf 2018. All Rights Reserved)

Monetäre Kompensation	Incentivierungen
Vergütung pro Sponsored Post	Exklusive Einblicke (Unique Experiences)
Prämie pro Leadgenerierung (Pay per Lead), Neukundengewinnung	Kontakt zu (hochrangigen) Entscheidungsträgern
Umsatzbeteiligung/Provision (Pay per Sale)	Exklusive Inhalte und Informationen zur Erstverwertung (Unique Content)
Pauschalen (Zeit- und Materialaufwand) für Produkttests und Dienstleistungsbewertungen	Bereitstellung von Goodies/Giveaways
	Geschenke
	Jobangebot/Jobvermittlung

um mittel- bis langfristig nach Abschluss einer bereits begonnenen Ausbildung oder nach dem Studienabschluss eine Position im Marketing des Kooperationsunternehmens auszufüllen.

Zum Abschluss fasst Tab. 1.1 nochmal die wesentlichen Bausteine der monetären Kompensation und der Incentivierung zusammen. In der individuellen Aushandlung der Vergütung können ein Baustein ausgewählt oder mehrere Bausteine kombiniert werden, um ein attraktives Gesamtpaket aus materiellen und immateriellen Komponenten zu schnüren.

7.4 Kooperationsvereinbarung

Die zwischen Unternehmen und Influencer abgesprochene Ausgestaltung der Zusammenarbeit sollte im beiderseitigen Interesse schriftlich fixiert werden. Eine Kooperationsvereinbarung schafft vor dem Start der ersten Kampagne Transparenz und Rechtssicherheit für die

Vertragspartner. Ein Vertrag regelt den vereinbarten Leistungsumfang, Rechte und Pflichten, Vergütung, Rechtsfolgen bei Vertragsverletzungen, Rechtsweg und Gerichtsstand. Darüber hinaus müssen Aspekte wie die Urheber- und Nutzungsrechte für vom Influencer erstellte Inhalte, die Kennzeichnungspflicht der werblichen Beiträge, Exklusivität und Wettbewerbsverbot thematisiert werden (Kahl 2017). Das grassierende Problem der Fake-Reichweite (Abschn. 6.1.1) muss angesprochen werden. Der Influencer sollte sich zur organisch gewachsenen Reichweite bekennen und sich verpflichten, keine Handlungen zum Aufbau von Fake-Reichweite zu unternehmen.

Bei von Influencern veröffentlichten Beiträgen ist nicht immer direkt erkennbar, ob ein Produktreview mit der Hervorhebung positiver Eigenschaften eines Produktes in Kooperation mit einem Unternehmen entstanden ist, da sich werbliche und redaktionelle Inhalte in den Posts vermischen. Das Trennungsgebot von Werbung und redaktionellen Inhalten ist zu beachten, welches besagt, dass Werbung auf dem ersten Blick auch als solche erkennbar sein muss (Kahl 2017). Ob es sich um einen Blogbeitrag, ein Social Media Post oder ein Video handelt, das Trennungsgebot gilt unabhängig vom bespielten Kanal für alle Formen von Content (Kahl 2017). Die Kennzeichnung als Werbung muss prägnant und deutlich sichtbar gestaltet sein (Weimer 2018). Durch die zunehmend mobile Nutzung von Social Media gerade durch junge Zielgruppen muss darauf geachtet werden, dass die Kennzeichnung als Werbung auch auf mobilen Endgeräten wie Smartphones und Tablets gut sichtbar ist (Weimer 2018).

> Es ist im Interesse beider Partner, Offenheit, Transparenz und Rechtskonformität sicherzustellen. Eine unzureichende Kennzeichnung schadet Influencer und Unternehmen und kann zu kostenpflichtigen Abmahnungen, Bußgeldern und einem Imageschaden in der Öffentlichkeit führen.

Rechtliche Regelwerke mit Relevanz für die Kooperation mit Influencern

- **Telemediengesetz (TMG):** Trennung von Werbung und redaktionellen Inhalten: § 6 Abs. 1 Nr.1 TMG: „Kommerzielle Kommunikationen müssen als solche klar zu erkennen sein". § 6 Abs. 1 Nr.2 TMG: „Die natürliche oder juristische Person, in deren Auftrag kommerzielle Kommunikationen erfolgen, müssen klar identifizierbar sein."
- **Gesetz gegen den unlauteren Wettbewerb (UWG):** Unlautere Werbung: § 5a Abs. 6 UWG: „Unlauter handelt auch, wer den kommerziellen Zweck einer geschäftlichen Handlung nicht kenntlich macht, sofern sich dieser nicht unmittelbar aus den Umständen ergibt, und das Nichtkenntlichmachen geeignet ist, den Verbraucher zu einer geschäftlichen Entscheidung zu veranlassen, die er andernfalls nicht getroffen hätte."
- **Rundfunkstaatsvertrag (RStV):** Unterschwellige Werbung: § 58 Abs. 1 RStV: „Werbung muss als solche klar erkennbar und vom übrigen Inhalt der Angebote eindeutig getrennt sein. In der Werbung dürfen keine unterschwelligen Techniken eingesetzt werden."

Sind keine Regelungen hinsichtlich der Kennzeichnungspflichten getroffen worden, könnte dies in einer juristischen Auseinandersetzung so ausgelegt werden, dass eine unzureichende Kennzeichnung von den Parteien beabsichtigt war, insbesondere dann, wenn andererseits die Ausgestaltung der Kooperationsform detailliert geregelt wurde (Kahl 2017).

Unternehmen, Agenturen und Influencer stehen gemeinsam in der Verantwortung. Allerdings sind Influencer, insbesondere wenn sie am Anfang ihrer Karriere stehen und (noch) nicht von einer Agentur vertreten werden, auf sich alleine gestellt und gegebenenfalls unbedarft in der Einschätzung rechtlicher Risiken. Ihnen fehlt juristische Expertise und sie verfügen in der Regel auch nicht über die finanziellen Mittel, um sich Rechtsbeistand einzuholen. Unternehmen sollten sich hier aus Eigeninteresse in die Pflicht nehmen. Sie sind eher in der Lage, eine rechtliche Prüfung durch Juristen sicherzustellen und sich damit auch einer besonderen Verantwortung gegenüber jungen und unbedarften Influencern bewusst zu sein (Mattgey 2017). Werden rechtliche Regelungen ignoriert, so droht die Gefahr einer Abmahnung.

Kennzeichnung von kommerziellen Posts

Das Oberlandesgericht (OLG) Celle sah die Kennzeichnung #ad an zweiter Stelle von sechs Hashtags im Instagram Post eines mit der Drogeriemarktkette Rossmann kooperierenden Influencers nach § 5a Abs. 6 UWG als unzureichende werbliche Kennzeichnung an (Gerecke 2017). Auf den ersten Blick muss erkennbar sein, wenn mit einem Post ein kommerzieller Zweck verbunden ist. Die deutschsprachigen Kennzeichnungen „Werbung" oder „Anzeige" sind nach momentanem Stand die rechtssicherste Form der Kennzeichnung (Gerecke 2017).

Bestandteile einer vertraglichen Kooperationsvereinbarung

- Gegenstand der Kooperation
- Tätigkeits- und Leistungsumfang
- Rechte und Pflichten
- Vergütung bzw. Incentivierung
- Geheimhaltungs- bzw. Verschwiegenheitsklauseln (über Unternehmensinterna)
- Exklusivität (innerhalb eines Produktsegments für die Dauer der Zusammenarbeit)
- Wettbewerbsverbot (für einen bestimmten Zeitraum nach Abschluss der Kampagne)
- Urheber-, Nutzungs- und Verwertungsrechte (Copyright)
- Verpflichtung zur Kennzeichnung
- Verpflichtung zur organischen Reichweite
- Rechtsfolgen bei Vertragsverletzungen

Unternehmen sollten bei der Gestaltung der Kooperationsvereinbarung bedenken, dass das Influencer Marketing vom kreativen Spielraum und einer künstlerischen Freiheit der Influencer lebt. „Wer hier überreguliert, der verliert" (Kahl 2017). Die vertragliche Kooperationsvereinbarung sollte sich daher „auf das Nötigste konzentrieren" (Kahl 2017). Das senkt für potenzielle und noch unbedarfte Influencer die Hemmschwelle, eine Kooperation einzugehen und schafft dennoch ein stabiles Fundament für eine erfolgreiche Kooperation (Kahl 2017).

> **Ihr Transfer in die Praxis**
>
> - Achten Sie auf Rechtsstreitigkeiten und die Rechtsprechung, die im Zusammenhang mit der werblichen Kennzeichnungspflicht von Influencer Posts gefällt wird.
> - Nehmen Sie juristische Expertise in Anspruch, um die Kooperationsvereinbarung rechtssicher für beide Seiten auszugestalten.
> - Kommunizieren Sie dem Influencer, dass die vertragliche Vereinbarung in beiderseitigem Interesse ausgewogen gestaltet wird und keine Übervorteilung Ihres Unternehmens angestrebt wird, wenn Sie den Rechtsbeistand stellen.
> - Vermeiden Sie Konflikte mit den Betreibern der sozialen Netzwerke, indem Sie regelmäßig auf Anpassungen der betreiberspezifischen Guidelines und Werberichtlinien achten, wie gesponserte Inhalte grafisch und textlich gekennzeichnet werden müssen.
> - Wirken Sie darauf hin, dass auch im Zweifelsfall jegliche Beiträge Ihrer Influencer, die einen Bezug zum Unternehmen aufweisen, als Werbung gekennzeichnet werden. Besser einmal zu viel als einmal zu wenig gekennzeichnet.

Literatur

Deges, F. (2017). Influencer Marketing. *WISU (5)*, 582–588.

Faltl, M., & Freese, J. (2017). Influencer Marketing-Evolution, Chancen und Herausforderungen der neuen Komponente im Kommunikationsmix. http://gfm.ch/wp-content/uploads/2017/08/GfM_Forschungsbroschuere_04_17.pdf. Zugegriffen: 29. März 2018.

Gerecke, M. (2017). Wie Influencer werbliche Beiträge künftig kennzeichnen sollten. http://www.horizont.net/marketing/kommentare/Nach-Rossmann-Urteil-Wie-Influencer-werbliche-Beitraege-kuenftig-kennzeichnen-sollten-160781. Zugegriffen: 7. Apr. 2018.

Hedemann, F. (2014). Influencer Marketing II: Zielsetzungen und korrekte Ansprache. https://upload-magazin.de/blog/9472-influencer-marketing-ii-zielsetzungen-und-korrekte-ansprache/. Zugegriffen: 20. Nov. 2017.

Kahl, J. (2017). Braucht es im Influencer Marketing überhaupt Verträge? http://www.projecter.de/blog/social-media/braucht-es-im-influencer-marketing-ueberhaupt-vertraege.html. Zugegriffen: 28. März 2018.

Mattgey, A. (2017). Influencer-Verträge: Das sollte unbedingt drinstehen. https://www.wuv.de/marketing/influencer_vertraege_das_sollte_unbedingt_drinstehen. Zugegriffen: 28. März 2018.

Meffert, H., Burmann, C., & Kirchgeorg, M. (2015). *Marketing. Grundlagen marktorientierter Unternehmensführung*. Wiesbaden: Springer Gabler.

Ruff, H. (2016). Warum Influencer Marketing oft herausgeschmissenes Geld ist. http://www.horizont.net/marketing/kommentare/Social-Media-Stars-Warum-Influencer-Marketing-oft-herausgeschmissenes-Geld-ist-143633. Zugegriffen: 21. März 2017.

Weimer, B. (2018). Blogger müssen Anzeigen deutlich kennzeichnen. http://www.social-media-magazin.de/2018/01/11/blogger-muessen-anzeigen-deutlich-kennzeichnen/. Zugegriffen: 28. März 2018.

8

Fünfter Schritt: Kampagnenmanagement

Was Sie aus diesem Kapitel mitnehmen

- Was Ihr Unternehmen bei der Schaffung organisatorischer Strukturen und Abläufe für das Kampagnenmanagement beachten muss.
- Wie Influencer-Kampagnen entwickelt, durchgeführt und gesteuert werden.
- Wie die operative Zusammenarbeit hinsichtlich Information und Kommunikation koordiniert wird.

Die Rahmenbedingungen mit dem Influencer sind geklärt, nun beginnt die operative Zusammenarbeit. Durchzuführende Maßnahmen müssen abgestimmt und in eine inhaltliche und organisatorisch-zeitliche Ablaufplanung gebracht werden. Das Kampagnenmanagement bedarf einer intensiven Kommunikation zwischen den beteiligten Partnern.

8.1 Budgetierung der Kampagnen

Für die anstehenden Kampagnen müssen Budgets kalkuliert und freigegeben werden. Das Budget ist die Planungsgröße zur Steuerung der Ressourcenallokation. Dabei geht es im Kampagnenmanagement um

© Springer Fachmedien Wiesbaden GmbH, ein Teil von Springer Nature 2018
F. Deges, *Quick Guide Influencer Marketing*, Quick Guide,
https://doi.org/10.1007/978-3-658-22163-8_8

monetäre und personelle Ressourcen, die bereitzustellen sind. Mit der Integration des Influencer Marketings in den Marketingmix (siehe Abschn. 4.4) haben Sie bereits entschieden, welche Größenordnung dem Influencer Marketing im Rahmen des Gesamtmarketingmix zugebilligt wird. Nun müssen die monetären Ressourcen mit den relevanten Planungsgrößen für die einzelnen Kampagnen feinjustiert werden:

Planungsgrößen der Budgetierung von Influencer-Kampagnen

- Aufwandskalkulation interner Personaleinsatz
- Kosten für die Bereitstellung von Content und Produkten oder Dienstleistungen
- Kosten der Durchführung eines Gewinnspiels, Rabatt- oder Promotionaktionen
- Kosten der Bereitstellung von Goodys/Giveaways und Incentives
- Vergütung des Influencers
- Vermittlungsgebühr/Provision für die Agentur des Influencers
- Honorar für eine Unterstützung durch externe Dienstleister
- Honorar für eine Inanspruchnahme juristischer Beratung und Prüfung
- Anteilige Lizenz-/Nutzungsgebühren von Softwaretools für das Kampagnenmanagement

---

8.2   Organisationsstrukturen und Abläufe

Die Steuerung des Influencer Marketings bedarf professioneller Strukturen und schlanker Prozesse. Ihr Unternehmen muss den Influencern einen Koordinator mit Expertise und Affinität zu Social Media gegenüberstellen. Dies ist idealerweise eine Person, die bereits im Onlinemarketing Ihres Unternehmens arbeitet. Gerade junge Menschen mit nicht allzu großem Altersunterschied zu Influencern können für diese Aufgabe prädestiniert sein. Dies kann auch derjenige sein, den Sie bereits mit der Kontaktaufnahme zu potenziellen Influencern beauftragt hatten (Abschn. 7.1). Der Koordinator bildet die unternehmensinterne Schnittstelle zu involvierten Abteilungen wie Produktentwicklung, Vertrieb, Marketing oder Kundenservice. Er steuert die Kommunikation und führt auf schnellem Wege notwendige Entscheidungen herbei. Sollte im Unternehmen keine Person für diese Aufgabe prädestiniert sein, so muss Personal extern rekrutiert werden.

> Lange Entscheidungswege und komplexe hierarchische Strukturen sind kontraproduktiv. Das Kampagnenmanagement braucht kreative Spielräume, schnelle Reaktionen und keine engen Vorgaben.

8.3 Kampagnenformate

Bei der Kampagnenentwicklung kann man sich an häufig eingesetzte Kampagnenformate des Influencer Marketings orientieren:

Product-Launch
Die Markteinführung eines neuen Produktes kann durch Influencer begleitet werden. Dafür müssen sie mit exklusiven Produktinformationen versorgt werden. Wochen vor dem Launch können Beiträge über die Vorzüge des neuen Produkts Aufmerksamkeit, Neugier und Interesse in ihrer Community wecken. Mit der Integration eines Affiliate-Links in die Posts könnten erste Bestellungen mit einem Rabatt- oder Promotioncode befördert werden.

Product Placement
Im Rahmen eines Product Placement werden Influencer mit Produkten ausgestattet, die sie meist über Bildformate in Szene setzen. Ein Product Placement ist kennzeichnungspflichtig, da es sich für den Influencer um eine kostenlose Sachzuwendung eines gegebenenfalls sehr hochwertigen Produktes handelt und häufig eine Vergütung für die Produktplatzierung gezahlt wird. Der positive Effekt des Product Placement liegt in seiner hohen Glaubwürdigkeit. Das platzierte und in Szene gesetzte Produkt wird nicht in einem direkten Werbekontext, sondern als Teil einer Handlung wahrgenommen (Homburg 2017, S. 843).

Produkttest/Produktbewertung
Mit einem Produkttest sollen die Vorzüge und Nutzungsmöglichkeiten eines Produktes herausgestellt werden. Mit einer glaubwürdigen Bewertung und positiven Empfehlung werden Kaufpräferenzen in

der Community des Influencers geschaffen. Aus den Ergebnissen der Produkttests können dem Unternehmen Impulse für die Weiterentwicklung der Produkte zurückgespielt werden.

Community Product Co-Creation

Ein stark interaktionsförderndes Kampagnenformat ist die Kreation eines neuen Produktes unter Beteiligung der Community des Influencers. Dieses aus Social-Media-Kampagnen von Unternehmen bekannte Crowdsourcing kann in Form eines Wettbewerbs die Fangemeinde bei Auslobung attraktiver Preise zu hoher Interaktion animieren. Wird eine gemeinsam entwickelte Produktidee realisiert und zum Kauf angeboten, so ist durch die Aufmerksamkeitswirkung während der Laufzeit der Kampagne bereits ein hohes Involvement in der Community generiert. Anstelle eines Wettbewerbs mit dem Küren eines Siegerproduktes kann auch ein Aufruf zu einer gemeinsamen Produktentwicklung ohne Auslobung eines Preises erfolgen.

Beispiel „Created by the community"

Mit der Kampagne „Created by the community" animierte die Influencerin Shirin David (https://www.youtube.com/shirindavid) ihre Community zur Mitwirkung an der Entwicklung eines neuen Duftes, indem die Fans Ideen und Anregungen zur Ausgestaltung des Duftes in die Kreation einbrachten. Das über die Drogeriemarktkette dm (https://www.dm.de/pflege-und-duft/shirin-david/) in den Handel gebrachte Parfum erzielte bereits nach kurzer Zeit hohe Abverkaufszahlen.

Neuproduktentwicklung

In der Bekleidungs- und Kosmetikbranche bieten sich Kooperationen mit Influencern an, indem Produkte zusammen entwickelt und als neue Serie vermarktet werden. In Abgrenzung zur Community Product Co-Creation sind die Fans/Follower/Abonnenten nicht direkt beteiligt, gleichwohl kann der Prozess der Produktentwicklung von Unternehmen und Influencer über die sozialen Netzwerke begleitet werden, um Aufmerksamkeit für das gemeinsame Projekt zu generieren. Das neue Produkt wird anschließend durch den Influencer in seiner Community beworben und wird über die Filialen und/oder Onlineshops des

Unternehmens zum Kauf angeboten. Diese Kooperationsform eignet sich vor allem in der Durchführung mit populären Influencern, die über eine große Reichweite verfügen.

Beispiel „Bilou"

Die Influencerin Bibi Heinicke (https://www.instagram.com/bibisbeautypalace) kreierte mit Produktentwicklern der Drogeriemarktkette dm die Duschschaumreihe „Bilou" (https://www.dm.de/pflege-und-duft/bilou-duschschaeume/), die sowohl in den Filialen wie auch im Onlineshop vermarktet wird. In den ersten Tagen generierten die Produkte eine so hohe Nachfrage, dass die Bestände schnell ausverkauft waren.

Account Takeover

Mit einem Takeover übernimmt ein Influencer für einen bestimmten Zeitraum einen Ihrer Unternehmensaccounts und bespielt ihn mit eigenen Inhalten. Das Unternehmen sorgt damit für eine inhaltliche und personelle Abwechslung (Christian 2017). Dies kann zur Erschließung neuer Fans/Follower/Abonnenten für Ihren Unternehmensaccount führen und die Interaktionen während des Takeovers steigern. Da in diesem Fall der Influencer nicht seinen eigenen, sondern Ihren Kanal bespielt, müssen vorab Ziele, Rahmenbedingungen, Zeitraum und Zeitdauer des Takeovers abgestimmt werden (Christian 2017). Ein Takeover kann bspw. mit einem Gewinnspiel oder einem Wettbewerb verbunden werden. Eine Produktneueinführung wird begleitet oder exklusive Einblicke in das Unternehmen und den Arbeitsalltag gewährt. Damit bereits vor dem Start des Takeovers eine hohe Aufmerksamkeit generiert wird, sollte dieser mit zeitlichem Vorlauf vom Unternehmen und vom Influencer angekündigt werden (Christian 2017). Der Takeover bedarf einer gefestigten Vertrauensbasis zwischen Unternehmen und Influencer und bietet sich nicht als allererste Kampagne mit einem gerade gewonnenen Influencer an.

Gewinnspiele und Contests

Attraktive Gewinnspiele und kreative Contests (Wettbewerbe) eignen sich zur Steigerung der Reichweite. Ein beliebtes Format sind Foto-Contests auf Instagram. Spielerische Elemente und herausfordernde

Aufgaben wecken die Kreativität der Teilnehmer und sorgen zudem für eine virale Verbreitung weit über die Community des Influencers hinaus. Neue Fans/Follower/Abonnenten können gewonnen werden, wenn attraktive Preise und Giveaways für die Teilnahme ausgelobt sind. Verständliche Teilnahmebedingungen müssen formuliert werden (Schwenke 2017). Dies betrifft die Laufzeit des Gewinnspiels, die Beschreibung des Gewinns, das Prozedere der Bestimmung des Gewinners (Auslosung oder Juryentscheid) sowie haftungs- und datenschutzrechtliche Regelungen (Schwenke 2017). Daneben gilt es auch die Guidelines, Vorgaben und Restriktionen der jeweiligen sozialen Netzwerke für die Durchführung von Gewinnspielen zu beachten.

Influencer Challenges
Im Rahmen einer Challenge werden mehrere Influencer mit der Lösung einer bestimmten Aufgabe konfrontiert. Bei diesem Format handelt es sich auch um eine Art von Contest, allerdings treten hier die Influencer miteinander und gegeneinander an. Die Challenge generiert Aufmerksamkeit in den Communitys der beteiligten Influencer, die der Challenge folgen und sich an der spielerischen Auseinandersetzung der Kontrahenten begeistern.

Beispiel IKEA-Challenge

Das Möbelhaus IKEA veranstaltete 2017 mit vier YouTube-Influencern eine Challenge, bei der in Zweierteams innerhalb von 180 min ein leerer Raum zu einem Wohnzimmer eingerichtet werden musste. Die YouTuber begeisterten ihre Fans mit Videos von der Challenge auf ihren Kanälen. Die eingerichteten Wohnzimmer konnten anschließend in verschiedenen IKEA-Möbelhäusern begutachtet werden, sodass über die virtuell begleitete Challenge hinaus auch ein Anreiz zum Besuch der Filialen vorhanden war (Schobelt 2017).

8.4 Kampagnensteuerung

Zur Steuerung der Kampagnen bietet sich der Einsatz von Redaktionsplänen an, in denen inhaltliche, zeitliche und organisatorische Absprachen festgehalten und fortlaufend aktualisiert werden.

Die schriftliche Fixierung gibt einen Handlungsrahmen vor und schafft Transparenz und Verbindlichkeit für alle in die Kampagnensteuerung involvierten Abteilungen und Personen. Die Fortschreibung der Redaktionspläne sollte je nach Abstimmungsbedarf in regelmäßigen Redaktionssitzungen face-to-face erfolgen. Dafür kann nicht jedes Mal zwingend die physische Anwesenheit des Influencers eingefordert werden, gleichwohl ist eine permanente Absprache zwischen Influencer und Unternehmen ja auch über andere Kommunikationsformate wie Telefonkonferenzen flexibel zu organisieren. Bei der Gestaltung eines unternehmensspezifischen Redaktionsplans sollten folgende Punkte idealerweise in ein tabellarisches Übersichtsformat gebracht werden:

Bestandteile von Redaktionsplänen pro Kampagne (Wer-Was-Wann-Wo)

- Welcher Content in welcher Form (Text, Foto-, Videomaterial) muss dem Influencer bis wann von wem bereitgestellt werden?
- Welche Produkte/Giveaways in Anzahl und Varianten müssen dem Influencer bis wann von wem bereitgestellt werden?
- Welche Kanäle werden vom Influencer mit welchen Content-Formaten bespielt?
- Welche Freigaben können/müssen von wem vor der Veröffentlichung erteilt werden? (bspw. inhaltliche Freigabe oder rechtliche Prüfung vom Unternehmen bei Gewinnspielen)
- Wann (Tag, Uhrzeit) wird der Content vom Influencer ausgespielt? (Veröffentlichungszeiträume der Posts pro Kanal)

In die Redaktionspläne sollten wichtige Unternehmens- und Marketingveranstaltungen (Produktlaunches, Messen, Events, Pressekonferenzen, Roadshows, andere Marketingkampagnen) ergänzt werden. Wenn sich die Zusammenarbeit nicht nur auf die „virtuellen" Accounts beschränkt, so können Influencer in „offline" stattfindende Marketing- und PR-Aktionen eingebunden werden, bspw. indem sie auf vom Unternehmen organisierten Veranstaltungen als Markenbotschafter präsent sind. Die Kampagnensteuerung gliedert sich in die drei Aufgabenbereiche Content-Bereitstellung, Content-Aufbereitung und Content-Streuung.

Content-Bereitstellung Dem Influencer muss relevanter Content zur Verfügung gestellt werden. Relevant heißt nicht, dass bereits ausformulierte Werbebotschaften oder nur Standardtexte wie Produktinformationsblätter, Pressemitteilungen, Gebrauchshinweise oder Garantiebeschreibungen bereitgestellt werden. Der Influencer erwartet exklusiven, bisher unveröffentlichten Content, für den er gegebenenfalls ein kurzzeitiges Erstverwertungsrecht eingeräumt bekommt. Was der Influencer an Informationen braucht, weiß dieser aus seiner Erfahrung heraus am besten, daher sollte das Unternehmen seine Erwartungen und Wünsche erfragen (Hedemann 2014). Neben dem Content müssen für Kampagnenformate wie Produkttests oder Product Placement die jeweiligen Produkte in ausreichender Zahl und in den benötigten Varianten bereitgestellt werden. Gleiches gilt für Goodies/ Giveaways, die an die Community verteilt werden. Dem Influencer muss ausreichend Zeit für einen ausgiebigen Test eingeräumt werden.

Content-Aufbereitung Der Influencer, nicht das Unternehmen, ist derjenige, der die bereitgestellten Informationen aufbereitet und durch seine persönliche Handschrift in ein adäquates Content-Format umsetzt. Die Delegation der Content-Aufbereitung und Content-Streuung an den Influencer bedeutet für Ihr Unternehmen eine Einsparung personeller Ressourcen. Für die Content-Aufbereitung müssen Freiräume gewährt werden, starre Vorgaben und detaillierte Guidelines schränken die Kreativität ein. Besprechen Sie mit dem Influencer Ihre Erwartungen, Wünsche und Vorstellungen, die praktische Umsetzung müssen Sie ihm überlassen. Er will eigene Ideen einbringen, schließlich ist es ja sein Account, den er mit viel Energie und Enthusiasmus aufgebaut hat. Klären Sie, inwieweit Sie ein Mitspracherecht, gegebenenfalls auch eine Freigabe vor der Veröffentlichung von Posts einfordern können und dies vom Influencer akzeptiert wird.

Die Kontrolle des Unternehmens über seine Produktkommunikation wird somit durch den Einsatz eines Influencers eingeschränkt (Hettler 2010, S. 76). Dies mag eine ungewöhnliche Situation für Ihr Unternehmen sein, gerade wenn Sie bisher selber alle Marketingaktivitäten bis ins letzte Detail gesteuert haben. Sie müssen bereit sein, dem Influencer einen Vertrauensvorschuss entgegenzubringen. Sehen Sie es trotz eventueller Bedenken von der positiven Seite und lassen Sie sich darauf ein. Die Content-Aufbereitung durch den Influencer hat Vorteile. Schließlich weiß er aus seiner mehrjährigen Erfahrung mit seinen Accounts und aus der permanenten Interaktion mit seiner Community besser als Sie, wie er den Content am besten in Szene setzt.

> Vertrauen Sie dem Influencer und gewähren Sie ihm den gewünschten Freiraum. Seien Sie offen für seinen kreativen Input und setzen Sie sich konstruktiv mit seinen Vorschlägen und Ideen auseinander.

Und bedenken Sie Folgendes: Wenn der Influencer alles genau so umsetzen würde, wie Sie es fordern, wo läge dann der Mehrwert? Wenn ein Influencer sich unreflektiert darauf einlässt, genau das zu kommunizieren, was Sie ihm vorformulieren, dann haben Sie die falsche Person ausgewählt und sollten lieber noch einmal die Zusammenarbeit überdenken.

Content-Streuung Die zeitlichen Vorgaben der Veröffentlichung des Contents sind im Redaktionsplan festzulegen. Wird der Content über mehrere vom Influencer bespielte Kanäle distribuiert, so ist zu klären, ob alle oder nur ausgewählte Kanäle parallel oder zeitlich versetzt bespielt werden. Wichtig ist, dass der Content nicht 1:1 in mehreren Kommunikationskanälen veröffentlicht wird (Hettler 2010, S. 233). Darum müssen Sie sich allerdings nicht kümmern, der Influencer passt den Content auf die Besonderheiten und Charakteristika der Kommunikationskanäle eigenständig an. Bedenken Sie immer: Der Influencer kennt seine Community besser als Sie. Er beherrscht das Instrumentarium der Social-Media-Kommunikation. Er ist es, der weiß, wie er seine Fans/Follower/Abonnenten passgenau anspricht.

Bei der zeitlichen Ausspielung des Contents kann ein Mitspracherecht eingefordert werden, wenn im Rahmen einer Kampagne Verkaufsaktionen (z. B. bei einer Produkteinführung) oder Sonderverkäufe mit rabattierten Preisen koordiniert werden müssen. Wird mit einer Kampagne ein Product-Launch begleitet, so ist die zeitliche Streuung danach auszurichten, dass ein erhöhtes Bestellaufkommen direkt nach der Veröffentlichung des Influencer Posts logistisch bedient werden kann. Unternehmen profitieren in dieser Phase von Influencern, wenn sie diese als gleichwertige Diskussionspartner, egal wie jung sie sind, ernst nehmen und sich konstruktiv mit deren Meinung auseinandersetzen. Nicht nur, dass dies eine besondere Form der Wertschätzung im persönlichen Umgang darstellt. Der Influencer gibt unkonventionelle Denkanstöße, weil er das Unternehmen nicht aus der Perspektive eines langjährigen Mitarbeiters sieht. Der eigene Blickwinkel wird erweitert, verfestigte Meinungen und Denkmuster werden hinterfragt, diese Chance sollte sich kein Unternehmen entgehen lassen.

Persönliche Beziehungen zu Influencern und deren Agenturen sollten auch nach Abschluss von Kampagnen aufrechterhalten und gepflegt werden. Ein regelmäßiger Informations- und Gedankenaustausch über Trends und aktuelle Entwicklungen erweitert den eigenen Erfahrungshorizont. Dies gilt auch für die Beobachtung der Szene mit einem regelmäßigen Screening potenzieller Influencer, die für eine künftige Zusammenarbeit infrage kommen.

> Gestandene Marketingmanager können von jungen Influencern lernen, wenn sie diese als Gesprächs- und Sparringspartner ernst nehmen.

Ihr Transfer in die Praxis

- Konzipieren Sie eine Standardvorlage für die Budgetierung von Kampagnen.
- Erstellen Sie ein Anforderungs- und Aufgabenprofil für einen Koordinator Kampagnenmanagement.
- Verschaffen Sie sich einen Überblick, wer im Onlinemarketingteam für diese Aufgabe infrage kommt.
- Entwickeln Sie ein Musterformular für einen Redaktionsplan.
- Definieren und gestalten Sie unkomplizierte Entscheidungs- und Freigabeprozesse für die Steuerung der Kampagnen.

Literatur

Christian, C. (2017). Bereit machen zur Übernahme-Grundlagen für ein erfolgreiches Social-Media-Takeover. http://medienrot.de/bereitmachen-zur-uebernahme-grundlagen-fuer-ein-erfolgreiches-social-media-takeover/. Zugegriffen: 24. Nov. 2017.

Hedemann, F. (2014). Influencer Marketing II: Zielsetzungen und korrekte Ansprache. https://upload-magazin.de/blog/9472-influencer-marketing-ii-zielsetzungen-und-korrekte-ansprache/. Zugegriffen: 20. Nov. 2017.

Hettler, U. (2010). *Social Media Marketing*. München: Oldenbourg.

Homburg, C. (2017). *Marketingmanagement*. Wiesbaden: Springer Gabler.

Schobelt, F. (2017). Case von Brandboost. Ikea punktet mit erster Influencer-Challenge auf Youtube. https://www.wuv.de/marketing/ikea_punktet_mit_erster_influencer_challenge_auf_youtube. Zugegriffen: 27. März 2018.

Schwenke, T. (2017). Whitepaper: Risiken der Schleichwerbung-Rechtliche Grenzn bei Facebook und Instagram. https://allfacebook.de/policy/whitepaper-risiken-der-schleichwerbung-rechtliche-grenzen-bei-facebook-und-instagram. Zugegriffen: 27. März 2018.

9

Monitoring und Erfolgsmessung

Was Sie aus diesem Kapitel mitnehmen
- Warum Sie ein strukturiertes Monitoring mit einer validen Auswertung der Influencer-Kampagnen implementieren sollten.
- Welches Kennzahlenset für die Erfolgsmessung geeignet ist und welche Aussagekraft die Kennzahlen bieten.
- Welche qualitativen Analysen in das Monitoring einbezogen werden sollten.

Für die zielgerichtete Erfolgsmessung bedarf es aussagekräftiger Kennzahlen. Verständlich, denn jedes Unternehmen möchte nachvollziehen, ob die avisierten Ziele erreicht wurden und das bereitgestellte Budget gewinnbringend investiert wurde (Lammenett 2017, S. 421). Das Controlling dient der Steuerung der Ressourcenallokation und soll die Effektivität und Effizienz des Ressourceneinsatzes visualisieren (Homburg 2017, S. 1205). Dabei handelt es sich um ergebnisorientierte Kontrollen über den Grad der Zielerfüllung im Abgleich von angestrebten und erzielten Resultaten (Homburg 2017, S. 1212). Die Zielgrößen bilden somit den Ausgangspunkt für die Definition

© Springer Fachmedien Wiesbaden GmbH, ein Teil von Springer Nature 2018
F. Deges, *Quick Guide Influencer Marketing*, Quick Guide,
https://doi.org/10.1007/978-3-658-22163-8_9

eines relevanten Kennzahlensets. Je präziser die Ziele formuliert sind (Abschn. 4.3), desto leichter lassen sich Kennzahlen zu deren Erfolgsmessung ableiten. Das Monitoring setzt an zwei Bezugsobjekten an: Zum einem geht es um den Erfolgsbeitrag einzelner Kampagnen, zum anderen geht es um die Bewertung der Overall-Performance des Influencers als verlässlichen, sich an alle Absprachen und Vereinbarungen haltenden Kooperationspartner.

Werden die Ziele nicht erreicht, so hilft das Monitoring, Abweichungen zu erkennen und gegensteuernde Maßnahmen zu ergreifen (Lammenett 2017, S. 421). Des Weiteren dient die Kennzahlenanalyse der Anpassung von Zielwerten für die nächstfolgenden Aktivitäten. Basis der Erfolgsmessung ist die Transparenz über den Status quo vor dem Start der Kampagne, um durch einen Vorher-Nachher-Vergleich den Erfolg während und nach Abschluss der Kampagne evaluieren zu können (Kloster 2017). Das Monitoring umfasst quantitative Kennzahlen (Abschn. 9.1) und qualitative Analysen (Abschn. 9.2).

9.1 Quantitative Kennzahlen

Kennzahlen sind quantifizierte absolute und relative Größen, die in verdichteter Form wichtige zahlenmäßig erfassbare Tatbestände und Entwicklungen eines Unternehmens zum Ausdruck bringen (Homburg 2017, S. 123 f.). Quantitativ messbare Kennzahlen lassen sich in Bezug auf einzelne Kampagnen und in Bezug auf die über die Kampagnen hinausgehende Wirkung auf das Unternehmen herleiten. Tabelle 9.1 zeigt ein relevantes Influencer-Kennzahlenset. Die Aussagekraft dieser Kennzahlen wird im Folgenden erläutert.

Impressions und Views
Während die Reichweite des Influencers die Anzahl potenzieller Sichtkontakte ausdrückt, zeigen die Impressions und Views, wie viele Personen einen Post oder ein Video tatsächlich zur Kenntnis genommen und gesehen haben (Rupp 2017). Diese Kennzahl ist repräsentativer als

Tab. 9.1 Quantitative Kennzahlen. (Eigene Darstellung)

Erfolgsausweis in Bezug auf die Kampagne	Erfolgsausweis in Bezug auf das Unternehmen
Impressions und Views	Referral Traffic Onlineshop
Engagement per single Post und Engagement Rate per single Post	Conversion Rate und Engagement Conversion Rate
Engagement per Posts und Engagement Rate per Posts	Conversion ROI Rate
Engagement Rate Community	Cost per Post Engagement
Sentiment und Sentiment-Rate	Audience Growth Social-Media-Unternehmensaccounts
Hashtag Distribution	Suchmaschinenranking

die Reichweite, allerdings ist sie plattformspezifisch zu werten. So startet ein Video im Facebook-Newsfeed automatisch die Wiedergabe und wird nach wenigen Sekunden als „gesehen" gewertet, ohne dass der Nutzer von sich aus das Video aktiv aufgerufen hat (Rupp 2017).

Engagement per single Post und Engagement Rate per single Post
Das Engagement zeigt die absolute Anzahl der Likes, Shares und Kommentare in Bezug auf einen einzelnen Post. Per Post lässt sich das Engagement mit der Anzahl der Reaktionen einfach aufaddieren, da die Likes, Shares und Kommentare unter dem Post angezeigt und gelistet sind. Das Engagement per single Post zeigt als absolute Größe, wie viel Aufmerksamkeit der Inhalt eines einzelnen Posts generiert hat. Das Engagement kann auch nur auf einzelne Interaktionselemente bezogen werden. Interessiert das Unternehmen vorrangig die Anzahl der Kommentierungen, so kann das Engagement allein in Bezug auf die Kommentare ausgewertet werden. Da Kommentierungen eine wertvollere Interaktion als Likes oder Shares darstellen, können Sie die Kommentare auch höher werten, indem man die Likes einfach zählt und die Kommentare bspw. mit dem Faktor 2 oder 3 multipliziert. Als Engagement Rate per single Post wird die Anzahl der Interaktionen mit der Anzahl der Fans/Follower in Beziehung gesetzt und mit folgender Formel berechnet:

$$\frac{\text{Anzahl Interaktionen per single Post}}{\text{Anzahl derFans/Follower}} \times 100 = \text{Engagement Rate per single Post in \%}$$

Vergleicht man Engagement Rates verschiedener Influencer in Recherchetools, Statistiken und Bestenlisten, so ist ein Benchmark nur dann aussagekräftig, wenn die zugrunde gelegte Art und die Gewichtung der Interaktionen ausgewiesen ist.

Engagement per Posts und Engagement Rate per Posts
Das Engagement per Posts bezieht sich auf die Addition aller Interaktionen, z. B. während einer laufenden Kampagne, die durch mehrere Posts begleitet wird. Sie visualisiert den Durchschnittswert aller Interaktionen über mehrere Posts innerhalb eines bestimmten Zeitfensters. Die Engagement Rate per Posts wird durch folgende Formel ausgedrückt:

$$\frac{\text{Gesamtanzahl Interaktionen Posts (Zeitraum x)}}{\text{Anzahl Posts (Zeitraum x)}} = \text{Engagement Rate per Posts}$$

Engagement Rate Community
Die zuvor ermittelte Engagement Rate per Posts wird mit der Gesamtzahl der Fans/Follower in Beziehung gesetzt. Auch hier kommt es im Vergleich der Engagement Rates verschiedener Influencer und Plattformen darauf an, was in die Interaktionen (Likes, Shares, Kommentare) mit welcher Gewichtung eingerechnet wurde. Des Öfteren wird für die Engagement Rate der Begriff Interaktionsrate verwendet. Die Engagement Rate Community errechnet sich aus folgender Formel:

$$\frac{\text{(Durchschnitt)Interaktionen per Post}}{\text{Anzahl der Fans/Follower}} \times 100 = \text{Engagement Rate Community in \%}$$

Berechnungsbeispiel der verschiedenen Engagement-Kennzahlen

* **Engagement per single Post:** 85 Likes + 12 Kommentare = 97 Interaktionen bei einem einzelnen Post
* **Engagement Rate per single Post:** 97 Interaktionen/3000 Abonnenten x 100 = 3,23 %
* **Engagement per Posts:** 2020 Likes + 210 Kommentare = 2230 Interaktionen (Addition aller Interaktionen auf bspw. 25 Posts eines Influencers in einem bestimmten Zeitraum)
* **Engagement Rate per Posts:** 2230 Interaktionen/25 Posts = 89,2 (Durchschnitt)Interaktionen per Post
* **Engagement Rate Community:** 89,2 (Durchschnitts-)Interaktionen per Post/3000 Abonnenten x 100 = 2,97 % (Interaktionsrate als Gesamtperformance des Influencers in einem bestimmten Zeitraum)

Die Engagement-Kennzahlen eignen sich für ein Benchmarking als Performancevergleich verschiedener Influencer und als Richtwert für die Einordnung der Durchschnittswerte von Interaktionen der einzelnen sozialen Netzwerke. Die Netzwerke unterscheiden sich je nach soziodemografischer Nutzerstruktur hinsichtlich der Interaktionsraten ihrer Netzwerkmitglieder. Auf Instagram ist sie durchschnittlich am höchsten. Weit unter dem Durchschnitt liegende Interaktionsraten von Influencern können ein Indiz für künstlichen Reichweitenaufbau durch Fake-Follower sein (siehe Abschn. 6.1.1).

Eine hohe Interaktion wird in erster Linie durch einen die Erwartungshaltung der Community erfüllenden qualitativ hochwertigen Content ausgelöst.

Sentiment und Sentiment Rate

Das Sentiment ist der Ausdruck für die Grundstimmung der Fans/Follower/Abonnenten zu einem Post, diese wird in positiv, neutral und negativ unterteilt (Weinberg 2014, S. 68). Um ein Sentiment darstellen zu können, muss eine Interaktion in Form von Kommentierungen stattgefunden haben. Als absolute Größe gibt das Sentiment die Anzahl der unterschiedlichen Kommentare an einem Post wieder. Damit lässt sich auf einen Blick erkennen, ob eine positive oder negative Grundstimmung überwiegt (Weinberg 2014, S. 68). Die Sentiment Rate als prozentuale Größe berechnet den Anteil positiver/neutraler/negativer Kommentare in Relation zur Gesamtzahl aller Kommentare (Weinberg 2014, S. 68). Neben dieser quantitativen Darstellung, die für sich alleine stehend nur eine Tendenz ausdrückt, können detailliertere Erkenntnisse durch eine Sentiment-Analyse als inhaltlich-semantische Auswertung der Kommentare gewonnen werden (siehe Abschn. 9.2). Die Sentiment Rate errechnet sich aus folgender Formel:

$$\frac{\text{Anzahl positive oder neutrale oder negative Kommentare}}{\text{Gesamtzahl der Kommentare}} \times 100 = \text{Sentiment Rate in \%}$$

Hashtag Distribution
Eine Steigerung der Bekanntheit kann mit der Auswertung von Hashtags überprüft werden, vorausgesetzt, Kampagnen wurden über spezifische Hashtag-Kennzeichnungen gesteuert.

Hashtag

Ein Hashtag ist eine mit dem Rautenkreuz # gekennzeichnete Markierung und Verschlagwortung von Inhalten, die dadurch gebündelt werden. Auf Social-Media-Plattformen wie Instagram, Facebook, Twitter oder YouTube können über die Hashtag-Suche Inhalte zu dem mit der Markierung verbundenen Begriff gefunden werden.

Hashtags ermöglichen eine plattformübergreifende Kommunikation. Ist eine Hashtag-Verschlagwortung präzise auf Ihre Marke zugeschnitten und wird diese oft aufgerufen, so steigert dies die Bekanntheit und erhöht die Reichweite (Grundmann 2016). Je mehr Hashtags mit einer Kampagne verbunden werden, desto eher werden neue Fans/Follower/Abonnenten gewonnen. Sprechen Sie die Hashtag-Kennzeichnung vor dem Start der Kampagne mit dem Influencer ab. Für die Verschlagwortung ist seine Expertise wertvoll. Er wird ein intuitives Verständnis für eine zielführende Verschlagwortung mitbringen (Grundmann 2016).

Referral Traffic Website und Onlineshop

Mit dem sog. Referral Traffic lässt sich darstellen, über welchen Weg (Link, Suchmaschine, Direkteingabe der URL, externe Website) ein Besucher (als Referral Visitor) auf die Zielseite des Unternehmens, bspw. in den Onlineshop gelangt ist (Rupp 2017). Über eine direkte Verlinkung des Posts mit einer Zielseite lässt sich über die Aktivierung des Links die Herkunft des Traffics mit der Kampagne in Beziehung setzen. Die Verlinkung muss mit dem Influencer im Rahmen der Kampagnenentwicklung (Abschn. 8.3) vereinbart werden. Der Referral Traffic lässt sich aus Tools wie bspw. Google Analytics auslesen. Die Steigerung des Traffics alleine generiert noch keinen Umsatz, Besucher des Onlineshops sollen Käufe tätigen. Dies wird über die Conversion Rate dargestellt.

Conversion Rate und Engagement Conversion Rate

> **Conversion Rate**
>
> Die Conversion Rate zeigt das prozentuale Verhältnis der Besucher einer Zielseite (Website, Onlineshop, Landingpages als spezielle Aktionsseiten) zu einer bestimmten Handlung (Call-To-Action). Eine in Beziehung zu setzende Handlung kann ein Kauf, eine Leadgenerierung, eine Newsletteranmeldung, die Teilnahme an einem Gewinnspiel oder die Einlösung von Promotion- oder Rabattcodes sein.

Im Onlineshop wird die Conversion Rate mit den Produktbestellungen und der Anzahl der Besucher in Beziehung gesetzt. Dies wird durch folgende Formel berechnet:

$$\frac{\text{Anzahl Produktbestellungen}}{\text{Anzahl Besucher Onlineshop}} \times 100 = \text{Conversion Rate in \%}$$

Eine Influencer-Kampagne kann dahingehend ausgewertet werden, ob sich in dem betrachteten Zeitraum die Conversion Rate erhöht hat. Eine solche Steigerung muss nicht alleine auf die Influencer-Kampagne zurückzuführen sein, gegebenenfalls hat sie sich auch im Verbund mit mehreren zeitgleich laufenden Marketingaktionen erhöht. In einer differenzierteren Auswertung geht es um die mit dem Influencer Post ausgelösten Call-To-Actions (CTAs) innerhalb eines Zeitraums. Die in Beziehung zu setzende Messgröße ist abhängig vom Kampagnenziel. Geht es um den Abverkauf von Produkten, so ist die Engagement Conversion Rate ein Performance-Indikator. Sie belegt den unmittelbaren Einfluss der Influencer-Kampagne auf den Umsatz, wenn durch den Influencer kommunizierte Kaufempfehlungen sich in direkte Bestellungen seiner Fans/Follower/Abonnenten niederschlagen. Dies kann gemessen werden, indem die ausgelösten Call-To-Actions mit der Reichweite des Influencers in Beziehung gesetzt werden. Die Engagement Conversion Rate berechnet sich mit folgender Formel:

$$\frac{\text{Anzahl aktivierte Handlungen (CTAs)}}{\text{Reichweite des Influencer Posts}} \times 100 = \text{Engagement Conversion Rate in \%}$$

Die aktivierten Handlungen müssen in einem zeitlich engen Bezug zur Laufzeit der Influencer Kampagne bzw. zur Veröffentlichung des Sponsored Posts stehen. Mit Analysetools wird ausgewertet, wie viele Conversions es bspw. in den ersten Stunden oder ersten Tagen nach Veröffentlichung des Influencer Posts aus seiner Community gegeben hat.

Conversion Return on Investment (ROI) Rate

Die durch den Influencer ausgelöste Conversion kann auch in Bezug zu den direkten Kosten des Posts gesetzt werden. Voraussetzung ist, dass die Abverkäufe durch Links eindeutig dem Influencer Post zugeordnet werden können.

$$\frac{\text{Umsatz Abverkäufe} - \text{Influencer Honorar per Post}}{\text{Influencer Honorar per Post}} \times 100 = \text{Conversion ROI Rate in \%}$$

Alternativ kann die Conversion ROI Rate auch mit anderen Größen wie den Deckungsbeitrag oder dem Gewinn des Produktes in Beziehung gesetzt werden (Lammenett 2017, S. 427). Dies wird durch folgende Formel ausgedrückt:

$$\frac{\text{Deckungsbeitrag oder Gewinn Produktverkäufe}}{\text{Influencer Honorar}} \times 100 = \text{Conversion ROI Rate in \%}$$

Beispiel Berechnung Conversion ROI Rate

Der Sponsored Post eines Influencers mit der Kaufempfehlung für ein Produkt wird vom Unternehmen mit 5000 EUR vergütet. Insgesamt 180 Fans aktivieren den Link in dem Onlineshop, 75 bestellen das Produkt zum Preis von 80 EUR und generieren einen Umsatz von 6000 EUR. Die Conversion ROI Rate beträgt (6000 minus 5000)/5000 × 100 = 20 %

Der Gewinn auf den realisierten Umsatz beträgt 600 EUR. Die Conversion ROI Rate beträgt (600/5000 × 100 = 12 %).

Cost per Post Engagement

Das Cost per Engagement bezieht sich in der Onlinewerbung darauf, dass Werbetreibende den Werbeträger nicht für die Einblendung von Anzeigen, sondern für eine Interaktion, bspw. den Klick auf das Werbebanner, vergüten. In Bezug auf das Influencer Marketing, wenn eine Vergütung pro veröffentlichtem Post erfolgt, kann die Anzahl der Interaktionen mit dem Honorar des Influencers in Beziehung gesetzt werden. Mit folgender Formel errechnet sich die Kennzahl:

$$\frac{\text{Influencer Honorar per Post}}{\text{Anzahl Interaktionen per Post}} = \text{Cost per Post Engagement (in Euro)}$$

Audience Growth Social-Media-Unternehmensaccounts

Die Kooperation mit Influencern soll auch zu einem Zuwachs an organischer Reichweite bei den unternehmenseigenen Social-Media-Accounts führen. Neue Fans/Follower/Abonnenten werden insbesondere dann gewonnen, wenn das Unternehmen einen Account im gleichen Kommunikationskanal unterhält, in dem der Influencer seine Posts ausspielt. Die Erhöhung der Reichweite steigert die Attraktivität unternehmenseigener Accounts. Neugewonnene Fans kommen mit unternehmenseigenen Inhalten in Kontakt. Ein direkter Dialog zwischen Unternehmen und Zielgruppe wird neben der Influencer-Kooperation forciert. Die Erhöhung der Reichweite kann in zeitlichem Bezug zur Veröffentlichung der Influencer Posts gemessen werden, wobei in dem betrachteten Zeitraum nicht alle neugewonnenen Fans zwingend durch die Kooperation mit Influencern für das Unternehmen gewonnen wurden. Der Reichweitenzuwachs durch neue Fans/Follower/Abonnenten kann in Bezug auf den beobachteten Zeitraum durch den Vorher-Nachher-Abgleich einfach gemessen werden.

Suchmaschinenranking
Social Signals in Form von Likes, Shares und Kommentaren in sozialen Netzwerken werden im Rankingalgorithmus der Google-Suchmaschine berücksichtigt. Die durch die Influencer-Kampagne erzielte Zunahme an Social-Media-Reaktionen in Bezug auf das Unternehmen und seine Produkte kann zu einer attraktiveren Position der unternehmenseigenen Websites und Social-Media-Accounts bei den Suchergebnissen führen. Da Social Signals nur einen von vielen Rankingfaktoren im komplexen Algorithmus darstellen, ist ein direkter Erfolgsbeitrag einer Influencer-Kampagne auf das Suchmaschinenranking jedoch schwierig nachzuweisen.

> Eine innovative Marketingidee wird erst dann zu einem nachhaltigen Marketinginstrument, wenn valide Kennzahlen den Erfolg messbar machen und die Kosten-Nutzen-Relation transparent wird. Erreicht oder übertrifft das Unternehmen seine Ziele, so ist die Basis für gewinnbringende Kooperationen mit Influencern gelegt.

9.2   Qualitative Analysen

Das Monitoring quantitativer Kennzahlen ist mit inhaltlich-qualitativen Analysen zu ergänzen. Die Interaktionen, insbesondere die Zahl der Kommentierungen der Fans/Follower/Abonnenten belegen zwar die aktive Auseinandersetzung mit den Kampagneninhalten. Es reicht aber nicht, dieses Sentiment nur als Aussage über die Grundstimmung quantitativ darzustellen (Abschn. 9.1). Die Kommentare müssen auch inhaltlich ausgewertet werden.

Eine **Sentiment-Analyse** (Inhaltsanalyse) in Ergänzung zur Sentiment Rate gibt wertvolles Feedback über die Meinungen der Fans/Follower/Abonnenten und deren Auseinandersetzung mit dem beworbenen Produkt und der Kampagne. Dieses Feedback hilft auf zwei Ebenen. Zum einen gibt es Kommentare, welche die Kampagne oder das Kampagnenformat an sich betreffen und Rückschlüsse auf deren Erfolg zulassen, bspw. Lob für eine kreative Visualisierung eines Produktnutzens oder gegebenenfalls auch Kritik an der Art und Weise einer drögen Inhaltsdarstellung. Des Weiteren wird es Reaktionen geben, die das Produkt, die Marke oder die Dienstleistung zum Gegenstand eines Kommentars haben. Aus positiven wie auch negativen Kommentaren lassen sich Ideen und Anregungen für verschiedene Bereiches des Unternehmens wie Produktentwicklung, Kundenservice, Marketing oder Unternehmenskommunikation ableiten.

Die Sentiment-Analyse kann zwar durch Softwaretools unterstützt werden, bedarf aber aufgrund der Komplexität der Sprache (Ironie, Humor, Sarkasmus) auch einer manuellen Analyse, da ein einzelner Kommentar sowohl positive wie auch negative Äußerungen beinhalten kann (Freese 2016). Die Analyse von Sprache und Tonalität geht damit weit über die grobe Differenzierung zwischen positiven und negativen Kommentaren hinaus. Je mehr Kommentare manuell gelesen und interpretiert werden müssen, desto zeitaufwendiger gestaltet sich diese Analyse (Freese 2016). Andererseits kann jedes Unternehmen dankbar sein, wenn es konstruktiv verwertbares Feedback von möglichst vielen Netzwerkmitgliedern erhält.

Des Weiteren sollte auch eine **qualitative Wertung der Influencer-Zusammenarbeit** durchgeführt werden. Der Abschluss einer Kampagne kann zeitnah genutzt werden, die positiven und negativen Erfahrungen aus der operativen Zusammenarbeit mit dem Influencer offen und konstruktiv zu thematisieren. Wie ist das Interaktionsverhalten des Influencers während der Kampagne zu werten? Hat er seine Rolle als Markenbotschafter erfüllt, indem er sich für die Beantwortung von Fragen der Community die notwendige Zeit genommen und in die Diskussionen eingebracht hat? Beantwortete er produktspezifische Fragen zu deren Eigenschaften, Bezugsquellen und Preisen kompetent? Hielt er sich an Timings und Absprachen? Verlief die Zusammenarbeit nicht reibungslos, so lernen beide Seiten aus einer Fehleranalyse. Gegebenenfalls beendet das Unternehmen die Zusammenarbeit, wenn die „Chemie" zwischen beiden Seiten nicht stimmt. Diese Analyse ist nicht nur intern zu diskutieren. Auch mit dem Influencer muss gesprochen werden, seine positiven wie auch negativen Eindrücke stimmen gegebenenfalls nicht mit denen des Unternehmens überein. Jeder Influencer sollte ein Feedback erhalten, ob das Unternehmen aus der Zusammenarbeit mit ihm seine Ziele erreicht hat. Aus einem offenen und ehrlichen Austausch erwachsen Ideen und Anregungen, die die nächsten Kampagnen bereichern und bei Fortsetzung der Kooperation die künftige Zusammenarbeit harmonischer gestalten wird.

Ihr Transfer in die Praxis

* Erstellen Sie Ihr unternehmensspezifisches Set an Kennzahlen.
* Recherchieren Sie für Ihr Unternehmen geeignete Controllingtools, die als Softwarelösungen Ihr Monitoring unterstützen.
* Erstellen Sie einen Kriterienkatalog, mit dem Sie ein strukturiertes Feedbackgespräch mit Influencern nach Abschluss von Kampagnen führen können.
* Bewerten Sie auch die unternehmensinterne Koordination und leiten Sie im Sinne eines „Went good-Do better" Learnings für die eigene Organisation ab.

Literatur

Freese, J. (2016). Der Weg zum richtigen Influencer: Ohne Daten kein Erfolg! https://www.lead-digital.de/aktuell/mobile/der_weg_zum_richtigen_influencer_ohne_daten_kein_erfolg. Zugegriffen: 24. Nov. 2017.

Homburg, C. (2017). *Marketingmanagement*. Wiesbaden: Springer Gabler.

Grundmann, M. (2016). Der Nutzen von Hashtags in Social Media-Kampagnen. https://marpha-consulting.de/hashtags-in-social-media-kampagnen/. Zugegriffen: 26. März 2018.

Kloster, A. (2017). So messen Sie den ROI Ihres Influencer Marketings. https://www.pressrelations.de/blog/so-messen-sie-den-roi-ihres-influencer-marketings/. Zugegriffen: 26. März 2018.

Lammenett, E. (2017). *Praxiswissen Online-Marketing*. Wiesbaden: Springer Gabler.

Rupp. M. (2017). Erfolge im Influencer-Marketing messen. https://upload-magazin.de/blog/19789-erfolge-im-influencer-marketing-messen/. Zugegriffen: 26. März 2018.

Weinberg, T. (2014). *Social Media Marketing*. Köln: O'Reilly.

10

Fazit

Das Influencer Marketing ist auf dem besten Weg, sich im Marketingmix von Unternehmen zu etablieren. Diese lernen aus erfolgreichen und auch weniger erfolgreichen Influencer-Kampagnen und schaffen Strukturen, um die Planung, Umsetzung und Steuerung ressourcen- und zielorientiert zu managen. Die Professionalisierung der Szene schreitet weiter voran. Erfolgreiche Influencer wissen um ihre Attraktivität als Markenbotschafter und fordern immer anspruchsvollere Honorare. Für das erfolgreiche Zusammenspiel von Influencern, Agenturen und Unternehmen ist es essenziell, dass alle auf Augenhöhe kommunizieren und ein vertrauensvolles Miteinander aufbauen und pflegen. Im Jahr 2017 hat sich mit dem Bundesverband Influencer Marketing e. V. (BVIM) in Berlin (bvim.info) gerade erst eine Interessenvertretung gegründet.

Trotz des gegenwärtigen Hypes und der zunehmenden Kommerzialisierung gilt es, die weitere Entwicklung kritisch im Auge zu behalten. Es gibt keine Erkenntnisse über die langfristige Wirkung eines Influencers auf seine Community im Sinne eines „Haltbarkeitsdatums". In der dynamisch-schnelllebigen zunehmend digitalisierten Welt ist der populäre Influencer von heute schon

© Springer Fachmedien Wiesbaden GmbH, ein Teil von Springer Nature 2018
F. Deges, *Quick Guide Influencer Marketing*, Quick Guide,
https://doi.org/10.1007/978-3-658-22163-8_10

morgen nicht mehr angesagt, weil seine altruistische Motivation verloren gegangen ist und er in seiner Community mit einer Vielzahl an Kooperationen an Glaubwürdigkeit eingebüßt hat. Einige werden sich zurückziehen, weil sie das Empfehlen von Produkten nicht als Lebensaufgabe sehen und neue Karrierewege einschlagen. Andere emanzipieren sich und werden selber zur Marke, indem sie Produkte entwickeln, die sie in eigenen Onlineshops vertreiben. Das Heer an potenziellen Influencern wird in den nächsten Jahren wachsen. Fluch und Segen für Unternehmen, wenn zwar eine große Auswahl viele Alternativen bietet, aber die Identifikation geeigneter Influencer nochmal komplexer wird. Immer mehr Jugendliche, die ihre Influencer als Idol vergöttern, hegen den Wunsch, selbst einer zu werden. Auch weil sie wissen, dass mit einem Sponsored Post viel Geld verdient werden kann. Die nächste Generation an Influencern wird immer seltener per Zufall zu Popularität gelangen, sondern ihre „Karriere" mit professioneller Unterstützung zielorientiert vorantreiben. Vielleicht sehen wir schon bald analog der Nachwuchsförderung im Profifußball „Scouts", die sozialen Netzwerke auf der Suche nach jungen Influencer-Talenten durchforsten.

Ein Influencer, der auf längere Sicht ein attraktiver Kooperationspartner für Unternehmen sein möchte, muss darauf achten, dass er auf dem schmalen Grat zwischen Neutralität und dem Streben nach Monetarisierung seiner Popularität ein Gleichgewicht hält. Pflegt er diese Balance, so bleibt er für seine Community authentisch und glaubwürdig. Mit diesen Influencern lohnt sich für Unternehmen der nachhaltige Aufbau von Kooperationen.

Printed in Germany
by Amazon Distribution
GmbH, Leipzig